Franz Feldhaus

Lexikon der Erfindungen

Auf den Gebieten von Naturwissenschaften und Technik

DOGMA

Franz Feldhaus

Lexikon der Erfindungen

Auf den Gebieten von Naturwissenschaften und Technik

ISBN/EAN: 9783955078157

Auflage: 1

Erscheinungsjahr: 2013

Erscheinungsort: Bremen, Deutschland

© DOGMA in Europäischer Hochschulverlag GmbH & Co KG, Fahrenheitstr. 1, 28359 Bremen (www.dogma.de). Alle Rechte beim Verlag und bei den jeweiligen Lizenzgebern.

Lexikon
der
Erfindungen und Entdeckungen
auf den Gebieten
der Naturwissenschaften und Technik

in

chronologischer Übersicht mit Personen-
und Sachregister

Von

Franz M. Feldhaus
Ingenieur

Heidelberg 1904
Carl Winter's Universitätsbuchhandlung

Nihil simul inventum est et perfectum,
Principium autem plus quam dimidium totius est.
Cicero.

Vorwort.

Ich habe diese Arbeit chronologisch angeordnet, weil sie vorwiegend zum Nachschlagen, weniger zur Lektüre dienen wird. In dieser Anordnung ist es mit Hülfe der beiden Register möglich, sich schnell über die Leistungen einer gewissen Zeit, einer bestimmten Person und den Fortschritt einer gesuchten Sache zu unterrichten.

In den Zeitangaben (soweit sie nicht auf das Jahr präzisiert sind) bin ich vorsichtig gewesen und habe zweifelhafte Sachen eher zu spät, wie zu früh angenommen. Falsche, aber alteingefleischte Angaben sind an den betreffenden Stellen berichtigend (auch in den Registern) angeführt worden.

Ehe wir in der Literatur einmal ein umfassendes Lexikon der Erfindungen und Entdeckungen haben, werden Anachronismen sich nirgendwo, auch nicht in der vorliegenden Arbeit, ganz vermeiden lassen. Ein derartiges Lexikon ist schon seit langem mein Lieblingsthema und diese Aufstellung aus den Vorarbeiten dazu entstanden. Zu einem solchen Lexikon müßte man aber viele Fachgelehrten zu gemeinsamer Arbeit vereinigen, um zu den bestehenden Werken dieser Art[1], die alle, heute

---

[1] Z. B.: Baudrimont, Dictionn. de l'industrie, Paris 1833, 10 Bde.
Beckmann, Beiträge zur Geschichte der Erfindungen, 1783, 5 Bde.
» Geschichte der Erfindungen, Osnabrück 1784.
Busch, Versuch eines Handbuches d. Erfind., Eisenach 1790, 8 Bde.
» Handbuch der Erfind., 4. Aufl., Eisenach 1802, 12 Bde.
» Almanach der Fortschritte, Erfurt 1797, 16 Bde.
Dictionnaire des Origines, Paris 1777, 6 Bde.
» » Découvertes, Paris 1822, 17 Bde.

wenigstens, nicht mehr brauchbar sind, nicht wieder ein weiteres unbrauchbares hinzuzufügen. Die Berliner Akademie der Wissenschaften erwiderte mir auf meinen diesbezüglichen Vorschlag, daß «derselbe von ihr eingehend erwogen worden sei, daß sie den Wert einer Zusammenstellung von zuverlässigen Daten über Erfindungen und Entdeckungen nicht unterschätzt, aber auch nicht die großen Schwierigkeiten verkennt, welche einer solchen entgegenstehen». Ein Lexikon dieser Art würde einen bedeutenden Umfang erreichen, kostspielig sein und auch zu wissenschaftlich behandelt werden, so daß es, abgesehen von manchem Jahr, das noch bis zur Verwirklichung vergehen mag, für die meisten, die sich über ein Datum informieren wollen, nicht in Betracht kommen kann.

Als Anhang zu jeder Welt- und Kulturgeschichte, zum Nachschlagen für Redakteure, Lehrer, Künstler und Schriftsteller, wird diese kleine Arbeit vorerst eine Lücke in unserer Literatur füllen. Zwar finden sich in den größeren Lexikas Angaben über die Erfindungen, auch wohl kurze alphabetische Tafeln dazu, doch ehe diese nicht ihren Flavio Gioja und anderen Unsinn begraben, können sie für positive Auskunft nicht in Frage kommen.

Für jede Berichtigung und Erweiterung bin ich natürlich sehr dankbar.

Rohrbach bei Heidelberg, Mai 1903.

F. M. Feldhaus.

Dircks, Inventors and inventions, London 1867.
De Jauffroy et Migne, Dict. des inventions, Paris 1852, 2 Bde.
Donndorf, Gesch. d. Erfindungen, Leipzig 1817, 6 Bde.
Pasch, Inventa nova antiqua, Leipzig 1699.
J. H. M. v. Poppe, Geschichte der Erfindungen, Dresden 1828.
    »   »   aller   »   Stuttgart 1837.
A. Poppe, Chronol. Übers. d. Erfindg., Frankfurt 1854, 57, 81.
Sardus, De rer. invent., Mainz 1577.
Untersuchung über den Ursprung der Entdeckungen, Leipzig 1772.
Vergilius, De rer. invent., Basel 1509.
Vogel, Geschichte der Erfindungen, Leipzig 1842, 3 Bde.

Inhalt.

		Seite.
I. Chronologische Übersicht	. . . .	1
II. Personenregister	. . . .	113
III. Sachregister	. . . .	127

Zur Beachtung.

Die Reihenfolge der einzelnen Erfindungen u. s. w. desselben Jahres in diesem Buche ist nicht maßgebend für die Reihenfolge, in der sie damals geschehen sind.

Vorchristliche Zeitrechnung.

5734 Welterschaffung nach der Septuaginta. (3.—1. Jahrh. v. C.)
5509 Anfang der griechisch-katholischen Zeitrechnung am 1. September (s. 681 n. Chr.).
4779 Beginn der altjüdischen Zeitrechnung.
4714 Anfang der Periode **Scaligers**. (vom Jahr 1583.)
3761 Anfang der neujüdischen Zeitrechnung am 6. Oktober.
3102 Beginn der Zeitrechnung der Inder am 28. Februar.
um 3000 Bergbau in Oberägypten.
2952 Angebliche Gründung Chinas.
2822 Einführung der Weizen- und Reispflanze aus Indien nach China.
um 2800 Pyramidenbau in Ägypten.
um 2800 Eisen aus dem Sudan in Ägypten.
2697 Beginn der chinesischen Zeitrechnung; Beobachtung einer Sonnenfinsternis in China.
2634 Angebliche Erfindung des „magnetischen Wagens" in China.
2445 Älteste Nachricht vom Zodiakus.
um 2400 Indigofärberei in Ägypten.
2205 Beginn der geschichtlichen Zeit Chinas mit der Dynastie **Han**.
um 2000 Kupferbergbau in Armenien.
um 2000 Bierbrauerei und Gerberei in Ägypten.
um 2000 Seide und Purpur bekannt.
um 1800 Einführung des Pferdes nach Ägypten.
um 1800 Glas in Ägypten.
um 1700 Buchstabenschrift bekannt.
1643 Gegossene Glasfiguren in Ägypten.
um 1500 Aderlassen war bekannt.
um 1400 Pergament im Gebrauch in Ägypten.
um 1300 Theben. An den Ruinen dieser Stadt will man Spuren von Blitzableitern gefunden haben.

um 1300 Dampfbäder bei den Skythen.
um 1200 Regenschirme in China und Sonnenschirme in China und Ägypten bekannt.
um 1200 Winkelmaß und Töpferscheibe in Ägypten.
1184 Fackeltelegraphie von Troja nach Argos. (**Aischylos**, „Agamemnon".)
um 1150 Zoologischer Garten in China.
um 1100 Die Chinesen bestimmen die Schiefe der Ekliptik zu $23^0\ 52'$.
um 1100 Älteste Nachricht vom Gnomon, bei den Chinesen im Schriftstück Tschiu-pi.
um 1084 Formschneidekunst bekannt.
um 1000 Katundruck mittelst Holzschnitten in Ostindien.
um 800 Schiffsanker bekannt.
um 800 Silbergeld in China.
777 Anfang der Olympiaden am 23. Juli.
753 Anfang der Zeitrechnung „nach Gründung Roms" (p. u. c.) am 21. April.
um 700 Eisen wird in China bekannt.
um 700 Die Phönizier gelangen zur See bis nach Gibraltar.
660 Anfang der japanischen Zeitrechnung.
um 610 Die Phönizier umschiffen, nach **Herodot**, auf Veranlassung des Königs **Neko**, Afrika.
um 600 Wasseruhren in Assyrien bekannt.
um 600 Einführung der Herodianischen Zahlen, die sich bis 300 v. Chr. halten.
594 Schaltmonat **Solon's**.
590 Beginn der Pythiaden-Ära.
588 Beginn der babylonischen Ära der Juden.
585 **Thales** beobachtet eine Sonnenfinsternis am 28. Mai, die er vielleicht vorausgesagt hatte; Anfänge der Trigonometrie; er kannte die Anziehung des Magnetsteines und des mit Wolle geriebenen Bernsteins.
582 Beginn der Isthmiaden-Ära.
um 550 **Anaximander** brauchte ein Gnomon und verfertigte (wohl die ersten) Landkarten.
543 Beginn der Zeitrechnung der Buddhisten.
540 **Pythagoras** lehrt die Kugelgestalt der Erde; pythagoräischer Lehrsatz, den die Chinesen schon früher kannten.
539 In Griechenland wechseln 30- und 29-tägige Monate.
um 500 Brennglas und Senkblei sind bekannt.
481 Nach **Herodot** haben die Perser eine optische Telegraphie und Schnellposten.
um 460 **Empedokles** spricht die organische Entwicklungstheorie aus und nimmt 4 Elemente an.
um 450 **Demokleidos** kennt Zeichen-Telegraphen.
433 Goldene Zahl; **Meton**'scher Cyklus.

um 430 **Anaxagoras**, nach **Vitruv** der älteste Schriftsteller über Perspektive.
um 400 **Hippokrates**, der Begründer der Medizin, kannte die verschiedene Schwere von Flüssigkeiten.
um 400 **Sokrates** kannte nach **Platon** (Jon. V. 15) die Übertragung des Magnetismus durch viele Eisenstücke hindurch.
um 400 **Platon** lehrt (mindestens) die (tägliche) Bewegung der Erde; er kennt den Zitterrochen.
um 400 **Flavius Vegetus Renatus** nennt optische Signalarme an Festungen.
um 400 **Aristophanes** erwähnt Brenngläser in seiner Komödie „die Wolken".
um 400 **Archytas** von Tarent baut, nach **Gellius**, eine fliegende Taube (automatischer Luftflugapparat(?); auch gilt er als Erfinder der Rolle und Schraube, sowie der analytischen Methode in der Mathematik.
um 400 Erbauung der chinesischen Mauer.
387 **Platon** gründet die „Akademie" zu Athen.
um 350 **Aristoteles** nimmt den Umfang der kugelförmigen Erde zu 400 000 Stadien ($= 39 900$ km) an; er kennt das Beharrungsvermögen, den Hebel und dessen Gesetze; er versucht die Gewichtsbestimmung der Luft und die Erklärung der Regenbogenbildung durch Reflexion der Strahlen im Wassertropfen, auch kennt er die Mitwirkung der Luft beim Schall.
um 350 **Eudoxus** erkennt den Stillstand der Sonne, begründet die Stereometrie und fertigt (die ersten) Sterngloben an.
um 350 **Aristoteles** und **Eudoxus** führen die Induktion ein, die Bezeichnung der Größen durch Buchstaben und geben die Definition des „Stetigen" und des „unendlich Kleinen".
um 350 Saugpumpe ist bekannt.
um 340 **Äneas** der Taktiker gibt einen hydraulischen Telegraphen an.
um 330 **Pytheas** von Massilia umschifft als erster Grieche Spanien.
312 Anfang der Ära der Indiktionen am 25. September.
um 300. **Aristill** und **Timocharis** fertigen einen Sternkatalog.
um 300 Pergament kommt nach Griechenland.
283 Vollendung des „Pharus"-Leuchtturmes zu Alexandrien, der bis 1317 stand.
280 **Ptolemäos Philadelphos** gründet das Museion.
um 270 **Euklides** begründet die Geometrie durch sein bedeutendes Werk „Stoicheia"; er kennt Brennspiegel und die Strahlenbrechung in seiner „Katoptrik".
270 **Aristarch**, der Hauptvertreter des heliocentrischen Systems, versucht eine Parallaxenbestimmung.
269 Älteste bekannte Münze aus Silber.

263 **Appius Claudius** baut durch Ochsengöpel betriebene Schaufelradschiffe.
263 **Manlius Valerius** errichtet die erste öffentliche Sonnenuhr zu Rom auf dem Forum, die er von Sizilien mitbrachte.
um 250 **Archimedes** kennt das Hebelgesetz, die Schraube ohne Ende, den Flaschenzug, die Statik fester Körper (Schwerpunkt) und die Statik flüssiger Körper (hydraulisches Prinzip), die Zahl π, die Wasserorgel, erfand die nach ihm benannte Schnecke zum Wasserheben und eine Dampfkanone (?) den „Erzdonnerer".
um 250 Nach **Vitruv** habe **Berorsus**, ein babylonischer Priester, die „Sonnenweiser" (Sonnenuhren) erfunden, deren erste man 1741 fand.
um 250 **Ktesibios** kennt die Zahnräder, die Zahnstange, die Druckpumpe und den Heronsbrunnen, aus zwei der letzteren baut er eine Feuerspritze, auch kennt er die Wasseruhr mit Zahnrädern.
um 250 Stangentusche ist in China bekannt.
247 **Timäos** führt die Rechnung nach Olympiaden ein.
244 **Arkesilaos** begründet die mittlere Akademie.
240 **Apollonius** von Pergae, der Geometer, schreibt seine „Elemente der Kegelschnitte".
um 230 **Heron**, Verfasser des bedeutendsten Werkes des Altertums über Maschinen kennt den Heber, einen Wegmesser und Automaten: er erfand vielleicht auch schon den nach ihm benannten Dampfapparat (Aeolipile) und den Heronsball; auch gibt er einen Apparat an, zum Öffnen der Tempeltore durch Dampfkraft.
um 220 **Erathostenes** entdeckt die Primzahlen, die Schiefe der Ekliptik zu 23° 51' 15" und unternimmt
228 die erste Gradmessung.
206 Der chinesische General **Hausi** habe den Drachen erfunden.
206 Älteste bekannte Münze aus Gold.
um 200 Ultramarin in Griechenland bekannt.
um 180 Tempelbau zu Edfu, nach dessen Inschrift dort Blitzableiter angebracht waren.
um 160 Baumbastpapier in China.
um 160 **Karneades** begründet die neue Akademie.
um 150 **Hipparch** entdeckt die Präzession, gibt die Theorie der Sonne und gibt ein Astrolabium an.
121 Der Chinese **Hiu tschin** kennt das Magnetisieren des Stahles.
113 Anfang der germanischen Ära.
108 Porzellan in China bekannt.
um 100 Malerei mit Wachsfarben bekannt.
um 80 Salmiak bei den Galliern.
um 80 Seife bei den Römern im Gebrauch.
59 **Cäsar** führt die „acta diurna", tägliche öffentliche Anschläge, schwache Vorläufer unserer Zeitungen, ein.
um 50 **Lucretius** Werk „de rerum natura".

um 46 Einführung des julianischen Kalenders durch **Cäsar** nach den Berechnungen des **Sosigenes**.
30 Anfang des neuägyptischen oder aktischen Jahres am 29. August.
um 30 **Dioscorides Phakas** wendet den Zitterwels zu Heilzwecken an.
um 30 **Vitruvius** beschreibt viele mechanische Apparate des Altertums in seiner „architectura", u. a. auch Wassermühlen.
um 10 **Kleomedes** kennt die astronomische Strahlenbrechung.
um 10 In der Ayur-Veda wird von der Magnetoperation zum Ausziehen eiserner Pfeilspitzen gesprochen.

Nach der christlichen Zeitrechnung.

um 3 Wassermühlen zu Rom bekannt. (Epigramm des **Antipater**.)
um 15 In **Strabon's** „Geographia" finden sich manche Angaben über die Metallurgie seiner Zeit.
9 bis 22 **Manilius** verfaßt das Lehrgedicht „Astronomicon".
um 50 Pedanius **Dioskorides** gibt das erste Verfahren zur Reaktion auf nassem Wege und ein rohes Destillationsverfahren an.
um 60 **Seneca** verfaßt „quaestiones naturales", das erste und einzige physikalische Lehrbuch der römischen Literatur, ein Hauptquellenwerk bis in's Mittelalter; er kennt die vergrößernde Kraft einer wassergefüllten Kugel.
um 60 **Columella** verfaßt das Lehrbuch „de re rustica".
um 63 Mittelst der von **Tiro** erfundenen „tironischen Noten", einer Art „Stenographie" wird zuerst eine Rede **Cato's** gegen **Catilina** nachgeschrieben.
um 70 **Plinius** schreibt seine „historia naturalis", ein wertvolles Sammelwerk, leider ohne Kritik und Verarbeitung des Stoffes und reich an Fabeln.
um 80 Die Chinesen kennen Pulver.
um 90 **Statius** gibt in seinen „Silvae" (im „Haar des Earinus") eine eigenartige der Lichtbildnerei (Photographie) nahekommende Stelle.
um 100 Glasspiegel sind bekannt.
um 100 **Plutarch** kennt Brenngläser zum Entzünden.
um 135 **Claudius Ptolemäus**, der berühmteste Astronom der Alten, entwirft die erste Landkarte nach Bestimmung der Längen- und Breitengrade und schreibt
um 150 den „Almagest", darin er das nach ihm benannte Weltsystem veröffentlicht.
152 Der Chinese **Tsai-Lün** erfindet das Papier aus Baumrinde, Hanffasern und Leinenlumpen, die er in Wasser kocht und zu Brei stampft.

um 190 Lucius Aelius Aurelius **Commodus** besaß Wagen in denen ein ingeniöser Mechanismus die Räder (?) bewegte, Fächer wehten Kühlung und der Wagen zeigte die Länge des Weges und die Stunden.
190 Aulus **Gellius** verfaßt das Sammelwerk „noctes atticae".
220 Glasfenster sind bekannt.
235 Der Chinese **Ma-Kiun** habe den magnetischen Wagen wiedererfunden; (nach „Betrachtungen über alte und neue Dinge" des **Kukintschu** im 4. Jahrhundert).
250 **Diophantos** aus Alexandrien schreibt: „liber rerum arimet."; dadurch wurde er zum Vater der systematischen Algebra, auch veröffentlicht er darin die von ihm erfundene unbestimmte Analysis, oder „diophantische Gleichungen".
274 Kaiser **Aurelian** erläßt ein Verbot gegen seidene Kleider.
276 Der römische Kaiser **Probus** verpflanzt die Weinrebe nach Deutschland.
284 am 29. August beginnt die „Diocletianische"- oder Martyrer-Ära.
300 zu Byzanz sind Kerzen bekannt.
312 Beginn der Römerzinszahl.
um 315 Nach Angaben des chinesischen Gelehrten **Kuo-pho** kennen die Chinesen die (elektrische) Anziehung des Bernsteins auf Senfkörner.
330 Sägemühlen in Deutschland bekannt an der Mosel.
350 Rabi **Hillel ha Nassi** zählt die Jahre nach Erschaffung der Welt.
um 350 Das Hinterlegen des Glases zu Spiegeln mit Blei ist bekannt.
378 Antiochien hat eine Straßenbeleuchtung. — (**Hieronymus**, der Heilige in: Wortwechsel zwischen dem Luciferaner und dem Rechtgläubigen).
380 **Pappos** aus Alexandrien schreibt „collectiones mathematicae"; darin die von **Guldin** 1635 wiedergefundene Regel.
um 380 **Priscianus**, der Arzt, gibt die erste Nachricht von magnetischen Heilmethoden.
385 Der Reitsattel wird zuerst erwähnt. (Codex **Theodosian.**, 1. 8, t. 5, 47).
um 390 Der hl. **Ambrosius**, Bischof von Mailand, schuf die vier diatonischen Tonreihen (Kirchentöne) d-d, c-c, f-f, g-g.
394 Ende der Olympiaden-Ära.
um 400 Pontius Meropius **Paulinus**, seit 409 Bischof von Nola, habe (nach **Isidorus**, Origg. 16, 24) die Glocken erfunden. (?)
um 400 Der Dichter Claudius **Claudianus** wußte, daß der Magnetstein in Berührung mit Eisen kräftiger, von ihm getrennt aber schwächer wird.
um 400 Die hydrostatische Wage wird in einem Brief des **Synesios** an **Hypatia**, Tochter des **Theon** erwähnt; **Synesios** verbessert auch das Destillationsverfahren.

um 425 **Zosimos** bildet das Wort „Chemie".
um 450 Glasfenster in der Sophienkirche zu Konstantinopel.
um 460 Der chinesische Astronom **Tsu-tschong** berechnet das Sonnenjahr; seine Messung differiert gegen unsere Annahme um nur 49,2 Sekunden.
um 460 Der römische Kaiser Lucius Septimus **Severus**, so berichtet **Damaskios** um 530, sah, als er sein Pferd mit der Hand gerieben, (elektrische) Funken.
465 **Victorin** (oder Victorius) aus Aquitanien setzte Christi Geburt auf das Jahr 754 „nach Erbauung Roms" (p. u. c.) fest.
um 500 Entstehung des Schachspieles in Indien.
514 **Proclus** Diadochus habe die Flotte des **Vitalinus** vor Konstantinopel mittels metallener Hohlspiegel (?) angezündet.
um 525 **Dionysius** Exiguus ein Mönch, geborener Skythe, legte den Jahresanfang vom Karfreitag auf den ersten Weihnachtstag; demnach begann Jahr 1 der christlichen Ära mit dem ersten Weihnachtstag des Jahres 754 p. u. c. (siehe 465).
um 525 **Priscianus**, der Grammatiker, beschreibt in dem Gedicht „de ponderibus" eine Senkwage.
536 Der oströmische Feldherr **Belisar** erbaut auf dem Tiber die erste Schiffsmühle, während er von den Goten in Rom belagert wurde.
um 540 **Anthenius** aus Tralles kannte nach **Agathias** (536—582) „de machinis mirabibilibus" die Erschütterung ausströmenden Dampfes.
um 550 Älteste Nachricht vom Steigbügel in **Mauricii**, Ars militaris, (Ausg. 1664, p. 22).
um 550 Seidencocons kommen von China nach Konstantinopel.
554 Zu Nola in Campanien sind die ältesten Glocken nachweisbar.
um 575 Älteste aus einer Eisenplatte vernietete Glocke Deutschlands, der „Saufang" in der Cäcilienkirche zu Köln.
581 Holztafeldruck in China bekannt.
585 **Gregor** von Tours beobachtet ein Nordlicht.
um 600 **Sabinianus**, von 604 an Papst, habe die Glocken zum Anzeigen der Tagesstunden in den Kirchendienst eingeführt.
um 600 Papst **Gregor** der Große schuf die 4 diatonischen Tonreihen a—a, b—b, c—c, d—d und führte die Tonbezeichnung a, b, c, d, e, f, g ein.
616 Am 20. Oktober verzeichnen die Chinesen ihre älteste bekannte Nordlichterscheinung.
622 **Mohammed** flieht in der Nacht vom 15. zum 16. Juli von Mekka nach Medina; diese Flucht „Hedschra" bildet den Anfang der islamitischen Zeitrechnung.
um 630 **Isidorus** erwähnt Schreibfedern an Stelle der Griffel.
642 Letzter Brand der Bibliothek zu Alexandria.
648 Baumwollenpapier kommt nach Griechenland.

um 650 **Vitalinus** (oder Vitellianus), von 657—672 Papst, soll die Orgel in die Kirche eingeführt haben.
674 Kloster und Kirche zu Weremouth in Durham erhalten Glasfenster, damals ein ungeheurer Luxus.
675 Die Griechen zerstören die Belagerungsflotte der Araber vor Konstantinopel durch griechisches Feuer, das ein Grieche namens **Kalinikos** erfunden haben soll.
681 Die Kirchenversammlung zu Konstantinopel setzt den Anfang der Weltära auf den 1. September 5509 v. C. fest.
um 700 Eisenherstellung in Steiermark.
710 Die Araber bringen Papier aus China nach Europa.
733 **Brahmaguptas** indische Mathematik wird den Arabern bekannt.
755 **Abdur Rahman** stiftet die hohe Schule zu Cordova, die erste der Araber.
757 Kaiser **Konstantin** schenkt eine Wasserorgel an **Pipin**, die dieser der Kirche zu St. Cornelius zu Campiègne geschenkt habe.
um 760 Abu Musa Dschabir, meist **Geber** genannt, fügt den sieben bekannten Metallen: Gold, Silber, Kupfer, Zinn, Blei, Eisen, Quecksilber noch hinzu: Zink, Antimon, Arsen, Mangan und Kobalt, wenigstens in ihren Erzen; auch kennt er die Schwefel- und Salpetersäure.
764 **Abu Dschafar** gründet Bagdad, beruft griechische Gelehrte an seinen Hof und läßt zuerst die indischen Werke der Astronomie übersetzen.
768 Älteste Nachricht von Hopfengärten in einem Schenkungsbriefe König **Pipins**.
um 800 Tapeten werden bekannt.
um 800 Scheidewasser erfunden.
um 800 **Karl** der Große gründet durch **Alkuin** eine Gelehrtengesellschaft für Sprache, Astronomie und Mathematik.
um 807 Der Kalif **Harun al Raschid** schenkt an Kaiser **Karl** den Großen eine Wasseruhr mit Schlagwerk und mechanischen Figuren, er begründet auch um diese Zeit zu Bagdad die zweite arabische Hochschule.
um 810 Papiergeld wird in China bekannt.
um 810 In Bagdad wird zuerst der Gebrauch des Zuckers erwähnt.
822 **Georgius** aus Benevento, ein Mönch zu Venedig, baut im Auftrag **Ludwigs** des Frommen eine Windorgel für den Aachener Dom.
827 **Al Mamouns** (oder El Mamous) unternimmt eine genaue Gradmessung bei Bagdad.
833 Ältestes Bergwerkslehn auf Salz.
833 Die Brüder **Schakir** messen einen geographischen Grad bei Palmyra in Syrien.
um 850 Cordova hat bereits Straßenpflaster.

850 Der Mönch **Pacificus** zu Verona soll die erste durch Gewichte betriebene und durch einen Windfang regulierte Räderuhr erfunden haben.
um 850 Erste Nachricht von Hufeisen, in „tactica" des Kaisers **Leo**.
850 Der Benediktiner **Otfried** erwähnt in seinem Evangelienbuch zuerst die Streichinstrumente „fidula" und „lira".
851 Die Chinesen kennen den Arak.
861 Die Schweden landen zuerst auf Island, wo im 8. Jahrhundert schon irische Mönche hingelangten.
874 Kolonisierung Islands durch von Christen besiegte heidnische Normanen.
875 Von Abessinien, wo es schon lange bestand, wird das Kaffeetrinken in Persien eingeführt.
um 875 **Alfred der Große**, König von England, maß die Zeit durch gleichdicke und gleichmäßig geteilte Wachskerzen so, daß durch die abgebrannten Teile die Zeit, die verflossen war, angegeben wurde.
um 900 Die erste Pharmakopoe erscheint in arabischer Sprache.
um 900 **Theophilus** beschreibt das Glasmachen.
um 900 **Albatani**, ein berühmter arabischer Astronom, führt den Sinus statt der Sehnen ein.
um 900 Sternkatalog des Persers **El Sufi**.
925 Erste deutsche Färberzunft.
942 Bischof **Poppo** gründet zu Würzburg die Hochschule, aus der 1402 die Universität hervorging.
950 Saffianleder kommt aus Cordova.
959 Regensburger Weber werden nach Flandern berufen.
960 Älteste Handelsjahrmärkte in Flandern, für die Weber.
um 960 Einführung des Schachspieles in Europa.
972 Gründung der dritten arabischen Hochschule. zu Kahira (Cairo).
977 Erster Schlachthof des Mittelalters zu La Réole.
982 **Erich der Rote**, ein Normane, siedelt von Island nach Grönland.
986 **Bjarne** entdeckt Neufundland.
um 995 Persische Astronomen berechnen das Jahr zu 365 Tagen, 5 Stunden, 48 Min. 48 Sek.
996 **Gerbert**, Abt zu Aurillac, der 999 als **Sylvester II**. Papst wurde, baut für Augsburg eine Sternuhr; auch wird er mit Unrecht als Erfinder der Schlaguhren angegeben, oder er habe die Pendeluhren oder die arabischen Ziffern in Europa eingeführt.
999 Gemalte Glasfenster in England.
um 1000 Bergbauanfänge im Harz.
um 1000 Erste Versuche der Ölmalerei.
um 1000 Die Normanen gelangen von Grönland nach Amerika an den 41. Grad nördlicher Breite.
um 1000 Durch **Gosbert**, Abt von Tegernsee, wird die Glasmalerei in Deutschland bekannt.

um 1000 **Ibn Junius** findet die Schiefe der Ekliptik zu 23° 34' 26".
um 1025 **Guido** von Arezzo, ein Benediktiner im Kloster Pomposa bei Ravenna (nicht der Kamaldulenser-Prior gleichen Namens, der von 995 bis 1050 lebte), erfindet die Notenschrift auf und zwischen 4 Linien, er erwähnt die Silben ut re mi fa sol la zuerst. Ihm schrieb auch **Kircher** die Erfindung des Clavichords fälschlich zu.

1050 Vergrößerungsgläser von **Alhazen**.

um 1070 Pietrus **Damiani** sagt, daß der Gebrauch der Gabel beim Mahle zuerst durch eine byzantinische Prinzessin nach Venedig kam und eifert gegen die Neuerung als eine sündhafte Verweichlichung.

1070 Die Deklination der Magnetnadel ist in China bekannt; zufolge der 1075 erschienenen Encyclopädie Mungh khi phi thau.

1075 In der vorerwähnten chinesischen Encyclopädie wird die Fadenaufhängung für Magnetnadeln erwähnt.

1080 In den jetzt zu Oxfort befindlichen astronomischen Tafeln des **Azachel** herrscht schon das dekadische Zahlensystem vor.

1100 Universität Bologna gegründet, die erste in Europa.

1101 Das englische Yard wird eingeführt.

1105 Die erste Nachricht von Windmühlen in einem französischen Diplom für den Benediktinerorden.

1108 Die Stelle, wonach um diese Zeit die Isländer den Gebrauch der Magnetnadel zur See gekannt haben sollen, ist ein Einschiebsel vom Jahre 1330 in eine Abschrift des Landnamabok des **Are Frode**.

1112 **Garisenda** erbaut den schiefen Turm zu Pisa.

1120 Der Abt von Clugny erwähnt Lumpenpapier.

1121 **Alkhazini** schreibt das einzige mechanische Werk der Araber, über die „Wage".

1122 Ältestes Bergwerkslehn auf Metallabbau.

1128 Einsalzen der Heringe in Pommern bekannt.

1129 Gebohrte (artesische) Brunnen kommen zu Lillers, Grafschaft Artois in Frankreich, auf.

1130 Seidenraupenzucht kommt nach Sizilien.

1139 Das 10. Konzil zu Rom verbietet den Gebrauch der Armbrust als ein gar zu gefährliches und hinterlistiges Werkzeug.

1143 Erste Windmühle in England in Northamptonshire.

1148 Auf Sizilien wird das erste Zuckerrohr in Europa angebaut.

1150 Glasschleifer und Goldschläger werden in Nürnberg erwähnt.

1150 Das (nasse) Destillieren wird erfunden.

1150 Bohren des Gesteines im Bergbau, bei Goslar.

1150 Stiftung der Hochschule zu Salerno.

1152 Älteste Bestätigung einer deutschen Gilde, der der Tuchscherer zu Hamburg, durch Herzog **Heinrich** den Löwen.

1159 Die älteste datierte Glocke, im Dom zu Siena.

1163   Die Kirchenversammlung zu Tours verbietet das Lesen physikalischer Schriften für die Mönche.
1166   Zuckerrohrmühle erfunden.
1170   Anfang von Posteinrichtungen in Frankreich.
1171   Silberbergbau beginnt zu Freiberg.
1171   Zu Venedig werden die ersten Banken eröffnet.
1180   In den Wohnungen der Reichen in England finden sich Glasfenster.
1180   Normanische Kriegsfahrzeuge sind mit Eisenblech bekleidet.
1180   Der Zucker verbreitet sich in Europa.
1184   In Paris ergeht Befehl die Straßen zu pflastern, was 1186 geschieht.
1190   **Hugue** (auch G u y o t) **de Bercy**, aus Provins der jetzigen Hauptstadt des Departements Seine et Marne, erwähnt in seinem Gedicht „la bible" zuerst in Europa den Kompaß in der Schiffahrt und das Magnetisieren des Stahls.
1190   Zu Ravensburg wird die erste deutsche Papiermühle gegründet.
1192   Eröffnung der ältesten Alaunwerke in Europa zu Volterra.
1199   Beginn des Kupferschieferbergbaues zu Mansfeld.
um 1200   Niello-Arbeit wird bekannt.
um 1200   Bier in Brabant bekannt.
um 1200   Im Harz findet sich eine Art Sprengpulver in Anwendung; dasselbe ist um diese Zeit auch schon von **Marcus Graecus** beschrieben.
1202   Der Mathematiker L e o n a r d o **Fibonacci** führt die arabischen Ziffern in Europa ein, in seinem Buch: „liber abaci et practic. geometr."
1206   Gründung der Universität Paris.
1209   Die Physik des **Aristoteles** wird auf der Synode zu Paris, wie auch 1215 vom Konzil zu Rom, verboten.
1221   Universität Padua gegründet.
1224   Universität zu Neapel gegründet.
1243   Älteste Urkunde auf leinenem Lumpenpapier von Kaiser **Friedrich II.** (K. K. Bibliothek, Wien).
1245   Zu Newcastle finden Steinkohlen die erste Anwendung als Brennmaterial.
1247   Älteste Nachricht von der Verwendung von Kanonen bei der Verteidigung von Sevilla.
1248   Zu Mailand taucht das erste Papiergeld in Europa auf.
1248   Grundsteinlegung zum Kölner Dom am 14. August.
1249   Gründung der Universität zu Oxford, wo schon lange eine gelehrte hohe Schule bestand.
1249   Deutschlands älteste datierte Glocke, in der St. Burkardskirche zu Würzburg.
1250   **Vincent de Beauvais** behauptet in seinem „speculum naturalis", daß, wenn ein senkrechter Schacht durch die Mitte der Erde

	hindurchginge, ein hineingeworfener Stein im Mittelpunkt der Erde zur Ruhe kommen müsse.
um 1250	Die Chinesen kennen Granaten.
1250	Ältestes Bergrecht, zu Iglau verfaßt.
1252	**Alphons X.** von Leon und Kastilien läßt die alphonsischen (astronomische) Tafeln durch **Al Ragel** und **Al Kabiz** verfassen.
1260	Bierbrauerei in Augsburg bekannt.
1265	Universität Rom gegründet.
1266	Der Kompaß ist in Norwegen bekannt.
1267	**Bacon** vollendet sein „Opus majus".
1268	Hinrichtung **Conradin's** von Schwaben mittelst Fallbeil (Guillotine), damals Mannaia genannt.
1269	Der Brief „**Petri Peregrini** de Maricourt ad Sigerium de Fontacourt militem", über den Magneten, (irrtümlich **Adsigerius**-Brief genannt) vom 8. August, erhielt in einer Abschrift später einen Zusatz über die magnetische Deklination.
1270	Gründung der Spielwarenindustrie zu Sonnenberg; Anfertigung der bekannten „Arche Noah".
1272	Briefe **Alfons X.** auf leinenem Lumpenpapier, jetzt im Tower zu London.
1272	**Borghesano** zu Bologna erfindet die Seidenhaspel zum Abwinden der Cocons.
1272	Universität zu Siena gegründet.
um 1272	**Adam de la Halle** ist der älteste bekannte Autor musikalischer Dramen.
1276	Älteste Nachricht von einem deutschen Schlachthof, in Augsburg.
1276	Grundsteinlegung zum Straßburger Münster.
1279	Belegte gläserne Spiegel werden von **J. Pekham** erwähnt.
1280	**Magaritone** erfindet die Stuckarbeit.
1280	**Coshu-King** findet die Schiefe der Ekliptik zu $23^0\ 32'\ 2''$, und die Jahreslänge gleich der des gregorianischen Jahres.
um 1280	**Hugo von Trimberg** erwähnt in seinem Gedicht „Renner" zuerst Fiedelbogen aus Roßhaaren.
um 1280	Pergament in Deutschland bekannt.
um 1285	Salvino degli **Armati** soll (zufolge seiner Grabschrift zu Florenz „inventore degli occhiali") die Brillen erfunden haben.
1286	Zu Neuwerk gibt es ein Leuchtfeuer mit Talgkerzen.
1288	Erste Schlaguhr in England erwähnt auf dem Glockenhaus bei Westminsterhall.
1299	Erste authentische Nachricht „von den neulich erfundenen Gläsern, Brillen genannt, ein wahrer Segen für arme Greise mit schwachem Gesicht".
um 1300	Orseille wird in der Levante zum Färben benutzt.
um 1300	**Alexander von Spina** zu Pisa soll die Brillen verbreitet haben, zufolge einer Chronik der Bibliothek der Predigermönche zu Pisa.

um 1300 **Arnaldus** de Villa Nova oder Raimundus **Lullius** sollen das Branntweinbrennen erfunden, wohl eher von den Arabern gesehen haben.
um 1300 **Dante Alighieri** erwähnt im X. Gesang, Vers 139 des „Paradies", Schlaguhren.
um 1300 Ohne Grund schreibt man einem gewissen Seemann aus Amalphi, den man Flavio **Gioja** nennt, die Erfindung des Seekompasses zu.
1300 Wiederauffindung der kanarischen Inseln.
1300 **Bonifacius VIII.** verbietet das Leichensezieren unter Strafe des Bannes.
1303 Die 1265 gegründete Universität Rom wird eröffnet.
1303 Stiftung der Universität Perugia; eröffnet 1307.
1306 Nach Berichten des Missionars **Vasson** von 1694 stieg in Peking ein Luftballon auf.
1308 Zu Murano werden Glasspiegel fabriziert.
1311 **Theodorich**, ein Predigermönch von Freiberg i S., erklärt die Entstehung des Regenbogens, die die Araber etwas früher erkannt hatten. (Seine Schrift kam erst 1814 ans Licht.)
1312 Ein Deutscher baut für die Kirche St. Rafael zu Venedig die erste Orgel mit einer Art Handklaviatur.
1315 **Mundinus** seziert in Bologna öffentlich zwei Leichen.
1316 Universität zu Pisa gegründet, eröffnet 1343.
1316 Travemünde hat ein Talgkerzen-Leuchtfeuer.
1318 Urkunde auf leinenem Lumpenpapier in Deutschland, eine Urkunde des Hospitals zu Kaufbeuren.
um 1318 Die Chinesen wenden den magnetischen Wagen zum Festlegen der Fluchtlinien beim Häuserbau an.
1320 **Richard**, Abt zu St. Alban, wird als Erfinder der Brillen genannt (s. 1285—1299).
1320 Dem Franziskaner Berchthold **Schwarz**, mit Familiennamen Konstantin **Ancklitzen**, zu Freiburg in Baden, schreibt man die „Erfindung" des Schießpulvers mit Unrecht zu; wahrscheinlicher konstruierte er Feuerwaffen.
1321 Älteste Nachricht von Spielkarten in Deutschland, ein Verbot gegen dieselben in einer Urkunde des Bischofs von Würzburg.
1322 Erste Sägemühle erwähnt, die **Haurey**-Mühle zu Augsburg.
1324 Älteste sichere Nachricht von der Verwendung der Kanonen in einer Urkunde der Stadt Metz.
1325 Man fand 1772 bei Bruce in Fifeshire eine Taschenuhr mit der Aufschrift „Robertus B. rex Scottorum." Man nimmt als Besitzer Robert **Bruce** an, der 1306—1329 regierte.
1325 Öfen sind in Deutschland bekannt.
1327 Eduard III. führt gegen Schottland Kanonen mit.
1330 Gewehrlauf mit Handlunte erfunden.
1330 **Phili de Caqueray** erfindet das Crownglas.

1331 Die Araber schießen bei der Belagerung von Alicante in Spanien Steinkugeln aus Mörsern.
1332 Erste Windmühle Italiens zu Venedig.
1333 Bereitung des Branntweins aus Wein bekannt.
1337 Die erste Pergamentfabrik in Nürnberg.
um 1340 Erste Papiermühle für Leinenpapier in Europa eröffnet, zu Fabriano (Ancona).
1342 **Levi ben Gerson** aus Bagnolus beschreibt zuerst den Jakobsstab.
1343 Die 1316 gegründete Universität Pisa wird eröffnet.
1343 Gründung der Universität Krakau.
1344 Zu Spandau besteht eine Pulvermühle.
1346 In der Schlacht bei Crécy am 26. August kommen wahrscheinlich zuerst Kanonen im offenen Felde in Anwendung; auch werden Kanonen auf Schiffen erwähnt.
1347 26. Januar Gründung der Universität Prag.
1347 Erste Nachricht von Kaminfeuern mit Schornsteinen in Venedig.
1350 Drahtzieherei von **Rudolph** in Nürnberg erwähnt.
1350 Die Mauren haben Kanonen im Seegefecht von Sevilla.
1350 Saigerhütten in Deutschland.
1350 Entdeckung der Azoren und Madeiras.
1352—1354 Bau der ersten Uhr im Straßburger Münster.
1360 Kratzen aus Draht erfunden.
1360 Erste Pulvermühle Lübecks.
1361 Universität Pavia gegründet.
1364 **Heinrich von Wyck** setzt Turmuhren zu Paris auf dem Parlamentshaus, zu Augsburg und hernach in vielen anderen deutschen Städten.
1365 Bologna erhält eine Turmuhr.
1365 Stiftung der Universität Wien am 12. März.
1365 Stecknadeln werden in Nürnberg fabriziert.
1365 Erste Verwendung von Kanonen in Deutschland bei der Belagerung von Einbeck.
1366 Stiftung einer Universität für Kulm, die aber nicht zur Ausführung kam.
1368 Breslau erhält eine Turmuhr, die die Stunden von 1 bis 24 zeigt und schlägt.
1370 Zünftige Nadelmacher in Nürnberg.
1372 **Johann** von Aarau in Breslau liefert die ersten Kanonen in Hohlguß und die ersten Bronzegeschütze.
1375 Diamantschleifer in Nürnberg.
1377 Die Venetianer führen Kanonen mit gegen die Genuesen.
1379 In dem Inventar **Karl IV.** erscheinen zuerst Eßgabeln in Deutschland.
1379 Universität zu Erfurt, gestiftet am 18. September, eröffnet 1392.
1380 Der deutsche Ritterorden hat eine organisierte Post nach der Marienburg.

1381 Anfertigung der ersten Schießgewehre, in Augsburg.
1382 Anfertigung der schmiedeisernen Kanone „Dulle Griet" zu Gent, die dort noch steht; Gewicht 26000 kg; Länge 4,86 m; Seele 62 cm; Steinkugeln 680 Pfund.
1386 Eröffnung der Universität Heidelberg am 18. Oktober, gemäß der Bulle Papst Urban VI. vom 23. Oktober 1385.
1386 **Bokholdt** vervollkommnet die Heringspökelei.
1388 Universität zu Köln, gegründet am 21. Mai.
1390 Erste Papiermühle zu Nürnberg, gegründet von dem Ratsmitglied Ulman **Stromer**.
1391 Universität Ferrara gegründet.
1392 Die 1379 gegründete Universität Erfurt wird eröffnet.
1392 Erste Windmühle in Spanien.
um 1400 Holzplattendruck in Deutschland.
um 1400 Bierbrauerei in Deutschland wird allgemeiner.
um 1400 **Lucca Della Robia** erfindet die Fayence zu Faience.
1402 Die Universität Würzburg wird aus der 942 gegründeten Hochschule am 10. Dezember gestiftet, aber erst 1582 eröffnet.
1402 Die Gründer der altflandrischen Malerschule die Brüder Hubert und Jan van **Eyck** sind die ersten Maler in Ölfarben. (siehe 1000 u. 1410).
1403 Band- und Bortenwirker zu Augsburg.
1403 Kaiser **Yong-lo** läßt die große, 65000 kg schwere, Glocke zu Pecking gießen.
1404 Universität zu Turin gegründet.
1404 Die erste abendländische Apotheke in Nürnberg.
1409 Universität zu Leipzig am 3. September gestiftet.
1409 Universität zu Aix gestiftet.
1410 Das schon im Altertum erfundene Emaillieren wird von Jan van **Eyck** (siehe 1402) wiedererfunden.
1412 Universität zu Parma gestiftet.
1413 **Basilius Vallentin** erfindet zu Erfurt das Knallgold.
1414 In London wird für die Zeit von Allerheiligen bis Lichtmeß eine Straßenbeleuchtung eingeführt.
1414 Der Kurfürst von Brandenburg läßt ein Geschütz „faule Grete" für 24 pfündige Geschosse bauen.
1418 Ältester datierter Holzschnitt, eine hl. Maria.
1419 Feilenhauer in Nürnberg.
1419 Stiftung der Universität Rostock durch den Papst am 13. Februar, die aber erst am 18. August 1560 vom Kaiser bestätigt wird.
1420 Zuckerrohrbau kommt nach Madeira.
1422 Sultan **Amurath** gießt ein Geschütz das 1100 Pfund Gestein schoß.
1423 Zweiter datierter Holzschnitt, ein Bilderdruck, den Hl. Christoph darstellend.

1423	Ohne Grund nennt man **Koster** in Haarlem als Erfinder des Buchdrucks.
1427	Michael **Miethen** erfindet die Brandraketen.
1430	Franz von **Bucholdt** erfindet den Kupferstich.
1430	Windbüchse angeblich von **Gester** (oder Guter) in Nürnberg erfunden.
1436	Hene (Johannes) Gensfleisch zum **Gutenberg** erfindet den Druck mit beweglichen Lettern.
1436	Andrea **Bianco** versucht eine Deklinationskarte.
1437	Ulugh **Beigh** in Samerkand findet die Schiefe der Ekliptik zu 23° 31′ 48″.
1438	**Gutenberg** erfindet den Letterngußs.
1438	Dom **Henrique** Herzog von Viseo errichtet die erste Navigationsschule zu Sagres.
1438	**Mariannus** Jakobus von Siena bildet ein Boot ab, dessen zwei Schaufelräder von 4 Mann bewegt werden, sowie einen Taucheranzug mit Helm und Bleisohlen. (Kodex der Münchener Bibliothek.)
1439	Ältester gedruckter immerwährender Kalender, jetzt auf der Kgl. Bibliothek zu Berlin.
1439	In dem von **Nikolaus de Cusa** verfaßten „de staticis experimentis versucht er die Stärke des Magneten durch Wägungen zu bestimmen.
1439	Windmühlen werden in Holland bekannt.
1440	**Koster** druckt ein „Speculum humanae salvationis" mittelst Holzplatten.
1441	**Gutenberg** baut eine Buchdruckpresse, davon Teile noch vorhanden.
1442	**Branca** erfindet die Rhinoplastik.
1443	Ausbeutetaler von Zellerfeld, älteste deutsche Münzen mit Randschrift.
1444	Universität zu Catania gegründet.
1444	Bleichanstalten in Nürnberg erwähnt.
1445	Der erste deutsche Algarithmus erscheint.
1446	Prokop **Waldvogel** in Avignon druckt mit einzelnen Buchstabenstempeln (ars artificialiter scribendi).
1447	Zu Meiningen fährt eine Karosse ohne Pferde durch das Kalchstor zum Markt und zurück.
1450	Mainz ist als ältester Druckort bezeichnet.
1450	Zink ist bekannt.
1450	**Regiomontanus** fertigt den ersten größeren parabolischen Brennspiegel.
1450	Erfindung des gekörnten Pulvers.
1452	Tomaso **Finiguerra** erfindet den Nielloabdruck.
1454	Gründung der Universität zu Trier am 2. Februar.
1455	Spitzenklöppelei in Italien bekannt.

1455 In **Gutenberg's** Bibel erscheint der erste gedruckte Neujahrsglückwunsch.
1455 Stiftung der Universität Freiburg i. B. am 20. April.
1455 Stiftungsurkunde für die Universität zu Greifswald vom 29. Mai.
1455 **Cada Mosto** entdeckt die Capverdischen Inseln.
1457 Der älteste datierte Druck, aus Mainz.
1457 am 21. Sept. Universität Freiburg i. B. landesherrlich bestätigt.
1457 Älteste Erwähnung von Kutschen, als Geschenk Königs Ladislaus V. an die Königin von Frankreich; doch lange nur von hohen Frauen, Kranken oder Fürsten benutzt.
1458 Die erste Versicherungsgesellschaft wird in Spanien gegründet.
1459 Universität Basel, gegründet am 12. November.
1459 **Schöfer** druckt mit gegoßenen Typen zuerst den „Psalter".
1459 Universität Ingolstadt am 7. April gegründet.
1460 Roger von **Thurn und Taxis** errichtet in Tirol eine Art Post.
1460 Universität Basel eröffnet 4. April.
1460 **Regiomontanus** führt die Dezimalbruchrechnung ein.
1460 26. April Universität Freiburg i. B. eröffnet.
1460 **Peurbachs** Planetentheorie in „theoricae planetarum".
1460 Zeugdruckerei in Deutschland.
1461 Bamberg, zweiter Druckort durch **Pfister**.
1462 Entfernung von Eisenfeilicht aus dem Auge durch den Magnet, in der „Chirurgia" des H. **Brunschwyck**.
1463 Der Mönch Barnabas **Interramensis** eröffnet das erste Leihhaus, zu Perugia.
1464 Zu Subiaco wird die erste Druckerei Italiens eröffnet; erster Druck mit römischen Lettern.
1466 Vierte Druckerei, zu Köln am Rhein.
1467 Fünfter Druckort, zu Rom.
Sechster Druckort, zu Eltville.
1467 **Donis**, ein Deutscher, druckt die erste Landkarte mittelst Holzschnitt.
1468 Siebenter Druckort, zu Augsburg.
1468 Erster Druckort der Schweiz, zu Basel.
1470 Frankreichs erste Druckerei zu Paris.
1470 Erste Papiermühle der Schweiz in Basel.
1470 Bernardo **Mured**, ein deutscher Orgelspieler, brachte das Pedal an Orgeln aus Deutschland nach Venedig.
1470 Abbildung eines durch Windflügel bewegten Wagens in der Hohenwangschen Vegezausgabe.
1471 Das erste Buch mit arabischen Ziffern zur Seitennummerierung „liber de remediis utriusque fortunae" zu Köln gedruckt.
1471 Erste Ausgabe von **Dantes** „Divina comedia".
1471 Anfänge des Silberbergbaues zu Schneeberg.
1472 **Regiomontanus** und **Walter** errichten zu Nürnberg die erste Sternwarte im christlichen Europa.

1472 **Valturius** bildet Galeeren mit zweimal fünf Schaufelrädern ab.
1473 Älteste Druckorte Hollands zu Alost, Löwen und Utrecht.
1474 Erbauung der Prager Rathausuhr.
1474 „Ephemerides" des **Regiomontanus**.
1474 Lorenzo **Medici** stiftet die „Academia platonica" die älteste Gelehrtenakademie der Renaissance, zu Florenz.
1474 Erster Druckort Spaniens, in Valencia.
1474 Porzellan kommt von China nach Europa.
1475 Erstes hebräisches Druckwerk, in Eßlingen erschienen.
1476 Stiftung der Universität zu Tübingen am 13. November.
1476 Stiftung der Universität zu Mainz am 23. November.
1476 Erstes griechisches Buch wird in Mailand gedruckt.
1476 Erste Druckerei Englands zu London durch **Caxton**.
1477 Zu Kempten besteht eine Papiermühle.
1477 Guß der großen Glocke zu Erfurt, 275 Zentner schwer.
1479 Zu Antwerpen, baut **Gilles de Dom** einen Wagen, der sich ohne Zugtiere durch einen geheimen Mechanismus bewegt.
1480 Holzschnitt mit mehreren Farben.
1480 Leonardo da **Vinci** gibt den ersten Fallschirm an.
1480 Caspar **Zoller** in Wien erfindet die gezogenen Gewehre.
1481 Jörg **Reyser** erfindet in Würzburg den Notendruck mit beweglichen Metalltypen.
1482 Glasperlen werden in Murano fabriziert.
1482 Ältestes gedrucktes Rechenbuch von Ullrich **Wagner** aus Nürnberg, gedruckt zu Bamberg.
1483 Ältestes gedrucktes Buch über Branntweinbereitung von Michael **Schrick** erscheint zu Augsburg.
1483 Ältester Notendruck in dem ältesten musikalischen Lexikon des **Tinctorius**.
1484 **Walter** hat auf seiner Nürnberger Sternwarte eine Räderuhr an der er $1/_4$ Sek. ablesen kann.
1484 Diego **Cao** entdeckt die Kongomündung.
1486 Älteste staatliche Botenanstalt in Brandenburg errichtet; eine Art Post.
1486 Bartholomeo **Diaz** entdeckt das Kap der guten Hoffnung.
1490 Gußeiserne Öfen im Elsaß bekannt.
1490 In **Gafor's** „Kantus" finden sich die ältesten Figuralnoten in Holzschnitt.
1490 **Heilmann**, ein Deutscher, erfindet das Bastard- oder mongolische Alphabet.
1491 Johann von **Bachold** erfindet den Kupferstich mit zwei Farbtönen.
1492 **Columbus** beobachtet die westliche Abweichung der Seekompasse am 13. September, und bestimmt zuerst eine Linie ohne magnetische Abweichung.

1492	**Columbus** betritt am 12. Oktober die Insel Guanahani; Entdeckung Amerikas.
1492	1. Erdglobus von Martin **Behaim** aus Nürnberg.
1493	Der Papst setzt am 4. Mai die Übergangslinie der magnetischen Deklination (s. 1492) als Territorialgrenze zwischen Spanien und Portugal für alle neu entdeckten Länder fest.
1493	Einführung des Mais nach Europa.
1494	Ältestes Bücherprivileg, auf den „speculum historicum" des **Vincentius Bellovacensis**, zu Venedig.
1494	Ältestes Buch über die doppelte Buchführung, des Franziskaners Lucas **Pacciolus de Burgos**, zu Venedig.
1494	Gründung der Universität Aberdeen.
1494	Ältestes gedrucktes Buch über Algebra von dem vorgenannten **Pacciolus**; darin kommt das Wort „Million" zuerst vor.
1494	Die päpstliche Bulle „Capitulacion" vom 7. Juni gibt das erste Beispiel von der Bezeichnung eines Meridians durch Marken in Felsen oder durch Türme. Doch der Befehl wurde nicht ausgeführt.
1494	Brasilienholz wird bekannt.
1495	In Venlo werden die ersten Granaten erfunden (s. 1250).
1496	Nach dem Titelblatt des Buches „de rerum proprietatibus" von **Bartholomäus** gibt es zu Steverage (Hertfordshire) in England eine Papiermühle von John **Tate**.
1497	Am 14. Juni betritt Giovanni **Caboto** nach den Normannen (siehe 1000) als erster Europäer das amerikanische Festland.
1498	Vasco de **Gama** trifft im indischen Ocean Piloten, die den Gebrauch der Seekarten und des Kompasses kennen.
1498	Octaviano dei **Petrucci** da Fossembrone erhält vom Rat zu Venedig auf seine Erfindung des Notendruckes mit beweglichen Metalltypen am 25. Mai ein Patent.
1498	**Columbus** beobachtet die östliche Abweichung der Magnetnadel.
1499	**Mumme** zu Braunschweig erfindet das nach ihm benannte Bier.
1499	1. astrologischer Kalender erscheint zu Ulm.
1499	Gezogene Gewehre auf einem Leipziger Scheibenschießen.
um 1500	Peter **Heulein** (nicht Hele), ein Nürnberger Schlosser, erfindet die ersten Taschenuhren, Sackuhren oder „Nürnberger lebendige Eierlein" genannt.
um 1500	Leonardo da **Vinci** hat eine dunkle Vorstellung vom Beharrungsgesetz, stellt eine Camera obscura (ohne Linse) her, untersuchte das Verhalten von Flüssigkeiten in sehr engen (kapillaren) Röhren und wendet die Hebelgesetze auf das Rad und die Rolle an der Welle an; auch beschreibt er horizontale Wasserräder und einen Spinnapparat mit Spindel und Spule. (Siehe 1797.)
1500	Nach der Schätzung **Dapper's** (Geschichte der geistigen Entwicklung Europas) wurden von 1470 an mehr als 10 000 Aus-

gaben von Büchern und Pamphleten gedruckt. Die meisten (2885) rechnet er auf Venedig, 925 auf Rom, 751 auf Paris, 625 auf Mailand. In Deutschland kommen die meisten auf Straßburg (526), Köln (530), Nürnberg (382), Leipzig (351), Mainz (134).

1502 Stiftung der Universität zu Wittenberg am 6. Juli, die seit 1815 zu Halle ist; eröffnet 1582.
1502 Gründung der Universität Valencia.
1502 Zwickau erhält das erste, durch die Mühle selbst getriebene, Beutelwerk zur Trennung des Mehles von der Kleie durch den Müller Nic. **Volker**.
1504 Ein Bürger von Pirna versucht mit einem „Wagen damit ohne Pferd zu fahren" gen Dresden zu fahren.
1505 Stiftung der Universität für Breslau, am 20. Juli, die aber nicht vollzogen wurde (siehe 1702).
1506 Universität zu Frankfurt an der Oder gestiftet, die 1811 mit Breslau vereinigt wurde.
1506 **Copernicus** entdeckt sein Weltsystem.
1506 Erstes päpstliches Bücherprivileg zur Geographie des **Ptolemäus**.
1507 Erstes französisches Bücherprivileg.
1507 **Waldseemüller** aus Freiburg in B. schlägt vor, das neuentdeckte Kontinent nach Amerigo **Vispucci** „Amerika" zu nennen.
1509 Erbauung der Kunstuhr in der Michaeliskirche zu Nürnberg durch Georg **Heuss**.
1510 Erstes Kaiserlich Deutsches Bücherprivileg zu „Lectura aurea semper Domini abbatis antiqui."
1510 Der Name „Amerika" findet sich zuerst in einem Manuskript des Henricus **Glareanus** angewandt.
1511 Zu Mekka kommt das Kaffeetrinken in den Bann.
1511 **Virdung** erwähnt in seiner „Musica getuscht und ausgezogen" zuerst die „(Kleine) Geigen".
1512 Albrecht **Dürer** erfindet die Ätzkunst.
1513 Ältester Jahreskalender von **Peypus** in Nürnberg.
1514 **Leonardo da Vinci** spricht zuerst den Gedanken eines Fallschirmes aus.
1516 Franz von **Thurn und Taxis** errichtet zwischen Wien und Brüssel eine reitende öffentliche Post und erhält vom Kaiser die Ernennung zum Postmeister der Niederlande.
1516 In einer aus dem Arabischen übersetzten, fälschlich dem **Aristoteles** zugeschriebenen Schrift, wird ein Horn (Sprachrohr?) erwähnt, mit dem man auf 100 Stadien ($18\,^1/_2$ km) das Heer zusammenrief.
1516 Erster arabischer Druck erscheint zu Genua.
1517 Erfindung des Feuerschloßgewehres in Nürnberg.

1518 **Platner** in Augsburg erbaut die erste Feuerspritze im Mittelalter.
1519 Antritt der Reise **Magelhaeus** am 20. September (bis 1522).
1519 Paul **Grommestetter** aus Schwarz richtet zu Joachimsthal und vorher zu Schneeberg ein nasses Pochwerk ein. — Albinus, Meisnische Bergk-Chronica. Dresden 1590. S. 75.
1520 Spanier bringen die erste Chokolade (Kakao) aus Mexiko nach Europa.
1520 Erfindung des Diamantschliffes in Rosettenform.
1520 Begründung der Lyoner Seidenfabrikation.
1521 Die ersten handlichen Gewehre finden sich in der Armee **Karls V.** vor Parma. (Bellay, Memoires, 1588. p. 55.)
1521 Entdeckung der Mariannen durch **Magelhaeus**.
1521 Erste Anwendung von Granaten im Abendland vor Mézières an der Maas.
1521 Erste deutsche Lotterie zu Osnabrück.
1522 **Thurn** und **Taxis**'sche Post zwischen Wien und Nürnberg.
1522 Ein Schiff der **Magelhaens**'schen Expedition vollendet am 6. September die erste Weltumsegelung (seit 1519).
1522 Anfang des Reisbaues in Europa, in der Lombardei.
1523 Zeugdruckerei zu Augsburg.
1523 Hans **Judenkunig** gibt die erste „Viola" an, in: Ain schone kunstliche underwaisung auf der Lautten und Geygen."
1523 Vom 28. Januar datiert die älteste Seeversicherung, abgeschlossen zu Florenz.
1523 Die Türken schießen bei der Belagerung von Rhodus zuerst Sprengbomben aus Mörsern.
1524 Wiederbeginn der Straßenbeleuchtung: in Paris wird Befehl gegeben von abends 9 Uhr an Lichter vor die Fenster zu stellen.
1524 Spinnradabbildung in einem Neuen Testament von Niklas **Glockendon**, jetzt in Wolfenbüttel.
1525 **Rudolph**, Einführung der Zeichen $+$ und $-$ und $\times$. Auflösung der Gleichungen 1. und 2. Grades.
1525 Das erste ABC Buch „Bokeschen vor de leyen unde kinder" erscheint zu Wittenberg.
1525 P. **Haultin** verbessert den Notendruck.
1526 Broihan, eine Bierart in Hannover.
1527 Am 30. Mai wird die Universität zu Marburg gegründet.
1527 Das Stricken kommt in Aufnahme.
1528 Martin **Agricola** schafft die damals gebräuchliche Notenschrift „Tabulatur" ab und führt die jetzt gebräuchliche Notenschrift ein.
1530 Magnetische Declinationskarte von **Alonso de Santa Cruz** versucht.
1530 Das Kaffeetrinken ist in Konstantinopel in Familien allgemein.

1530	Georg **Agricola** (eigentl. Bauer) stellt das erste Mineralsystem auf in „de re metallica", darin er auch zuerst den Grubenkompaß und Wismut als selbständiges Metall angibt.
1530	**Copernicus** vollendet sein Weltsystem.
1530	**Acosta** erkennt Cochenille als ein Tier.
1530	**Jürgens** zu Watenbüttel in Braunschweig erfindet das Spinnrad; gemäß Rethmeier's Chronik von 1722. (II. 879).
1531	Ältestes Lehrbuch deutscher Sprache für die doppelte Buchführung erscheint zu Nürnberg von Johann **Gotlieb**.
1532	J. **Frosch** verbessert in Straßburg den Notendruck.
1532	G. **Weber** aus Dünkelsbühl verwendet zuerst eine Ramme in Nürnberg.
1533	**Grynaeus** besorgt die erste Ausgabe des **Euklid**.
1533	**Ebner** in Nürnberg bereitet eine Art Messing aus Kupfer und Galmei.
1534	Jesuitenorden gestiftet.
1535	Der Kardinal P. **Bembo** erwähnt einen magnetischen Telegraphen.
1536	**Hartmann** bestimmt die magnetische Deklination für Nürnberg zu $10^{1}/_{4}$. für Rom zu 6 Grad.
1536	Zu Straßburg wird ein Kolleg gegründet aus dem 1621 die Universität hervorging.
1536	**Nachtigall** (Lucinius genannt) bildet zuerst das Hackebrett ab.
1537	Universität zu Lausanne als Akademie gegründet. (S. 1890.)
1538	Zwei Griechen führen Kaiser **Karl V.** zu Teledo auf dem Tajo eine Taucherglocke vor.
1538	Messerschmiede zu Birmingham.
1539	**Afranio** zu Ferrara erfindet ein kompliziertes Musikinstrument mit Blasbälgen, „Phagot" genannt.
1540	H. **Weiss** aus Wittenberg errichtet die erste Druckerei zu Berlin.
um 1540	**Tartaglia** entdeckt die Auflösung kubischer Gleichungen.
1540	**Biringuccio's** Buch „Pirotechnia", eines der ältesten Werke über Ingenieurkunst und Metallverarbeitung.
1540	Hans **Ehemann** zu Nürnberg erfindet das Buchstabenschloß.
1540	Valerius **Corrus** beschreibt den Schwefeläther unter dem Namen „süßes Weinöl".
1540	**Rhaeticus**, ein Freund von **Copernicus**, veröffentlicht „De libris revolutionum Copernici."
1541	In „Cosmographei" des S. **Münster** werden zuerst hölzerne Schienen in den Bergwerken des Lebertales im Elsaß abgebildet.
1541	Älteste vorhandene Bussole auf der die magnetische Deklination angegeben ist, von Hieronymus **Bellarmatus** aus Paris. — (Mémoires de l'acad. de Paris. 1771. S. 33.)
1542	Pedro **Nunez** (Nonius genannt), macht einen undurchführbaren Vorschlag zu Verbesserungen der Teilungen an mathematischen Instrumenten. (Siehe 1631.)

1543 **Copernicus** Weltsystem „Astronomia institaurata sive de revolutionibus orbium coelestium, libri VI" erscheint zu Nürnberg im Druck.
1543 Am 17. Juni versucht Blasgo de **Garay** im Hafen von Barcelona ein Ruderschiff mit Schaufelrädern.
1543 Älteste englische doppelte Buchführung verfaßt von Hugh **Oldeasle**.
1543 Leonhard von **Thurn und Taxis** erhält vom Kaiser ein Privileg auf eine reitende Post.
1543 A. **Vesalius** begründet die wissenschaftliche Anatomie durch sein Werk „de humani corporis fabrica".
1544 Georg **Hartmann** entdeckt die Inklination der Magnetnadel, den Magnetismus eines Eisenstabes durch den Erdmagnetismus und die Gesetze der ungleichnamigen Magnetpole, diese Entdeckungen teilt er am 4. März dem Herzog **Albrecht** von Preußen mit.
1544 Schreibfedern aus Messingblech in Nürnberg.
1544 Gründung der Universität Königsberg am 20. Juli.
1544 Erste Druckerei in Amerika, in Mexiko.
1544 **Franz I.** führt Pistolen-Reiter in seiner Armee mit. (De la Noue, Discours militaires, 1591, p. 430.)
1545 Kornbranntwein wird zuerst erwähnt in Berlin.
1545 **Cardano** schreibt sein Werk „de regulis Algebrae", darin die von Tartaglia gefundene Auflösung kubischer Gleichungen.
1546 **Nunez** veröffentlicht in „de arte atque ratione navigandi" die erste Theorie der Loxodromen.
1546 Gerhard **Mercator** spricht zuerst die Ansicht aus, daß ein Punkt an der Erde die Magnetnadel richte, nicht wie bis dahin angenommen, ein Punkt am Himmel.
1547 Gemma **Frisius** spricht zuerst die Möglichkeit aus, geographische Längenunterschiede mittels Uhren zu finden.
1547 Eisenguß in Hochöfen in England.
1548 Die Universität Jena wird am 19. März als akademisches Gymnasium gestiftet.
1549 S. **Caboto** beobachtet die Verschiedenheit der magnetischen Deklination, an verschiedenen Punkten der Erde, zuerst.
1549 Erstes Handelsgericht zu Toulouse.
1549 Lotterie zu Amsterdam zur Erbauung eines Kirchturmes.
1550 Christoph **Schürer**, ein Glasmacher zu Schneeberg i. S., erfindet die Schmalte. Blaufärben des Glases durch Kobaltoxyd.
1550 Michel **Stifel** aus Eßlingen entdeckt die Binominalkoeffizienten.
1550 **Finaeus** (oder Finé geheißen), bestimmt die magnetische Deklination für Paris zu 8°.
1550 Blasebälge von Holz kommen in Gebrauch; Hans **Lobsinger** aus Nürnberg führt sie im Verzeichnis seiner Kunstwerke an.

1550 **Fernel** mißt einen Meridian mit dem Wegmesser; erste Gradmessung in Europa. Er fand den Erdumfang zu 5396 Meilen.
1550 In Deutschland wird der erste Krapp angebaut.
um 1550 Siegellack wird in Spanien erfunden (s. 1554).
1551 Die Spanier projektieren einen Panamakanal.
1553 Erste Erwähnung der Kartoffel in der Chronik von Peru des Pet. **Cieca** zu Sevilla gedruckt.
1554 Erstes öffentliches Kaffeehaus zu Konstantinopel.
1554 Der erste Meßkatalog (Verzeichnis von Büchern, Landkarten etc.) erscheint von Georg **Willer** aus Augsburg, zu Frankfurt bei Nic. **Basseus** gedruckt.
1554 Ältestes bekanntes Siegellacksiegel auf einem Briefe vom 3. Aug. an den Rheingrafen v. **Daun**.
1555 Die Spanier entdecken den ersten Smaragd in Columbia.
1556 **Hensold** gründet Englands erste Glashütte zu Stourbridge.
1556 **Burrough** unternimmt die erste Reise nach den Nordpolländern.
1557 **Cardano** variiert den Heronsball.
1557 Erhebung des 1548 errichteten Gymnasiums zur Universität am 15. August.
1557 Silbergewinnung durch den Amalgamationsprozeß in Mexiko von **Bartolomé de Medina**.
1557 Erasmus **Reinhold** aus Saalfeld, veröffentlicht die prutenischen astronomischen Tafeln, die der Kalenderreform von 1582 zu Grunde lagen.
1558 J. **Sauleque** erfindet den Notendruck mit einzelnen Typen auf denen Linien und Noten vereinigt sind.
1558 Straßenbeleuchtung zu Paris mit an Seilen hängenden Laternen, am 1. November eingeführt.
1558 J. B. della **Porta** faßt in seiner „Magia naturalis, libri IV." (1589 libri XX) das Wissen seiner Zeit auf dem Gebiete physikalischer Experimente zusammen; beschreibt darin die Camera obscura.
1559 Die Universität Genf wird als Akademie gegründet.
1559 **Henry II.** trägt die ersten seidenen Strümpfe auf der Hochzeit seiner Schwester.
1559 Der erste römische Index erscheint unter Paul IV.
1559 Die Tulpe kommt nach Deutschland, Augsburg.
1560 Academia secretum naturae zu Neapel durch **Porta** gegründet.
1560 Jean **Nicot**, französischer Gesandter am portugiesischen Hof, bringt die Tabakpflanze nach Frankreich.
1560 Nähnadeln in England hergestellt von **Chreening**.
1560 H. **Lobsinger** habe (nach Nürnberger Chroniken) die Windbüchse erfunden (s. 1430); auch erfand er eine Presse zum Prägen von Leder.
1560 Erstes Steinkohlenfeuer auf einem Leuchtturm in Schweden.
1561 Erbauung der Sternwarte zu Cassel.

1561 Anfang des Baues der Kunstuhr in der Marienkirche zu Lübeck, vollendet 1565.
1561 Barbara **Uttmann**, geborene Elterlein aus Nürnberg begründet die Spitzenklöppelei zu Annaberg in Sachsen.
1561 **Philipp II.** von Spanien verbietet jedes Befassen mit dem Kanalprojekt von Panama bei Todesstrafe, „da dies der göttlichen Ordnung zuwider laufe".
1562 In der „Bergpostille" spricht Joh. **Matthesius** von einem Manne der jetzt anfange „Berg (d. h. Erz und Gestein) und Wasser durch Feuer zu heben". — (Dampfmaschinenversuch?)
1562 Der „tridentinische Index" wird auf dem Konzil zu Trient am 26. Februar aufzustellen beschlossen.
1564 Einführung der Kutsche in England.
1564 **Pius IV.** veröffentlicht den tridentinischen Index.
um 1565 Einführung der Kartoffel durch Spanier von Amerika nach Italien und Burgund.
1566 **Fabricius** in „de rebus metallicis" macht auf die (chemische) Veränderung des „Hornsilbers" (Chlorsilber) durch Licht aufmerksam.
1566 Einführung des Flieders (Syringa vulg.) in Europa.
1567 Ph. **Delorme** wendet den Heronsball als Zugmittel für Kamine an.
1568 Jak. **Besson** macht Vorschläge zur Anwendung der Dampfkraft.
1568 Guido **Ubaldi** soll zuerst den Proportionszirkel angegeben haben.
1569 Älteste vorübergehende Ausstellung, zu Nürnberg.
1569 Zu London wird vom 11. Januar bis 6. Mai die erste Lotterie in England abgehalten.
1569 Gerhard **Mercator** veröffentlicht die nach ihm benannte Kartenprojektion.
1570 Georg **Kuhfuss** und C. **Recknagel** erfinden zu Nürnberg das deutsche Radschloß der Musketen.
1570 Bartholomeo **Scappi** beschreibt in seinen Werken einen durch Dampf bewegten Bratspieß.
1570 Campecheholz in England eingeführt.
1572 Letzte Verwendung von Schleudern bei der Belagerung von Sancère.
1572 Erste Verwendung von Brieftauben (seit dem alten Rom) in Europa bei der Belagerung von Haarlem durch die Spanier.
1573 **Rauwolf** findet Kaffeehäuser zu Aleppo.
1574 Vollendung der nach **Dasypodeus** Plan erbauten Uhr im Münster zu Straßburg durch die Gebrüder **Habrecht**.
1574 Erstes Buch über Markscheidekunst, von Dr. E. **Reinhold** aus Saalfeld (posthum).
1575 Berlins zweite Druckerei von **Thurneiser** zum Thurn errichtet.
1575 Gründung der Universität zu Leyden am 8. Februar.

1575 **Maurolyko** zählte zuerst die 7 Farben des Regenbogens. (Photismi de lumine. Vened. 1575.)
1576 J. **Praetorius** erfindet zu Altdorf den Meßtisch.
1576 Robert **Norman** zu Ratcliff ordnet die Magnetnadel vertikal mit horizontaler Achse an und bestimmt die Inklination für London zu 71° 50°. — (Norman. the new attractive. 1581 London.)
1576 **Friedrich II.** erbaut dem Tycho **Brahe** die Sternwarte Uranienborg auf Hwen, die 1580 vollendet wurde.
1577 **Gregor XIII.** beginnt die Unterhandlungen mit den katholischen Mächten wegen der Kalenderreform.
1579 Zu Danzig bestand eine Bandmühle (Bandwirkstuhl). — Lancellotti. I'hoggidi overo, Venedig 1636.
1579 Erstes Gradierhaus mit Strohwänden auf der Saline zu Nauheim.
1579 **Porta** macht den Vorschlag, durch lange Röhren hindurch zu sprechen. (Akustische Telegraphie.)
1579 Andre **Ludwig** bei Reichenhall, fertigt Messingschreibfedern.
1580 Prosper **Alpin** sieht zu Kairo den ersten fruchttragenden Kaffeebaum, den er 1592 beschreibt.
1580 Umänderung der Breslauer Turmuhr von 1368 auf zweimal zwölf Stunden am Tage.
1580 Sieur **Invigny** erfindet die Vogelflöte (Flageolett).
1582 Eröffnung der Universität Wittenberg am 2. Januar, gestiftet 1502.
1582 **Gregor XIII.** führt die Kalenderreform auf Grund der Berechnungen **Reinholds** von 1557 endlich, unter Streichung der Tage vom 5. bis 14. Oktober, in der Bulle „Inter gravissimas" vom 24. Februar, durch. Nach Donnerstag den 4. Oktober schrieb man Freitag sogleich den 15. Oktober.
1582 **Rauwolf** macht den Kaffee in Italien bekannt.
1583 **Galilei** habe (?) im Dom zu Pisa an den schwingenden Kronleuchtern beobachtet, daß gleichlange Pendel ihre Schwingungen in gleichen Zeiten vollenden.
1584 Kartoffeln werden von Virginia durch **Raleigh** nach Irland verpflanzt und dadurch in England bekannt.
1584 Erste Naturaliensammlung, von Francesco **Calceolari**.
1584 Giordano **Bruno** erkennt das Kopernikanische Weltsystem an und verteidigt es stets.
1585 Federigo **Gianibelli** läßt 4 mit Uhrzündwerken versehene Pulverschiffe gegen die Scheldebrücke in Antwerpen treiben.
um 1585 Simon **Stevin** findet zuerst den Satz vom Parallelogramm der Kräfte; den Satz, daß der Bodendruck einer Flüssigkeit nicht von der Größe, sondern nur von der Höhe des Spiegels abhängt, ferner entwickelt er aus den kommunizierenden Röhren das Prinzip der hydraulischen Presse, auch finden sich bei ihm die Anfänge der Statik und Dezimalbruchrechnung angewandt.

1586 Gründung der Universität Graz.
1586 **Fontana** errichtet den 10000 Zentner schweren Obelisken vor der Peterskirche zu Rom.
1587 Tycho **Brahe** ändert das Ptolomäische Weltsystem entgegen **Copernicus** dahin ab, daß er die Planeten um die Sonne, diese aber um die ruhende Erde drehen läßt.
1588 „The english mercury" die erste, unregelmäßig erscheinende Zeitung Englands.
1588 Timothy **Bright** erfindet eine Kurzschrift (Stenographie).
1588 Erster Versuch zur Hebung von Kanonen etc. der spanischen Armada, mittelst Taucherglocke.
1589 William **Lee** soll den ersten Strumpfwirkstuhl zu Cambridge erfunden haben; gemäß einer an **Cromwell** 1653—58 gerichteten Bittschrift der Londoner Strumpfwirker.
1590 **Galilei** zeigt durch Fallversuche vom schiefen Turm zu Pisa, daß die Körper nicht um so schneller fallen, je schwerer sie sind.
1590 Zacharias **Johannides** (oder Jansen genannt) erfindet das zusammengesetzte Mikroskop zu Middelburg. (Nach Angaben des holländischen Gesandten v. Boreel, 1655, verfertigte dieser Jansen mit seinem Vater Hans ein Mikroskop, daß (wohl 1596) an Herzog Albrecht v. Österreich von diesem an Drebbel gelangte, wo er, Boreel, es 1619 gesehen habe.) Auch erhob seine Familie Ansprüche auf die Erfindung des Fernrohres gegen **Lippersheim** (s. 1608).
1590 Julius Cäsar **Salicinus** beobachtet zu Rimini den Magnetismus einer alten Eisenstange (s. 1544).
1590 **Box**, ein Deutscher, erfindet die Kupferplättmühle in England.
1591 Pfalzgraf **Johann Kasimir** baut das erste große Heidelberger Faß.
1591 **Vieta** führt die Buchstabenrechnung durch.
1592 **Alpinus** veröffentlicht in Europa den 1580 gesehenen „Caova"-Baum (Kaffeebaum) dessen Frucht er „Bon" nennt.
um 1595 **Galilei** erfindet das Thermoskop (das erste Thermometer), das **Santorio** (Sanctorius) bald nachher mit einer vierteilgen Skala versah und in die Medizin einführte.
1596 **Galilei** erfindet die hydrostatische Wage.
1596 Engländer gelangen nach Spitzbergen.
1596 Ältestes bekanntes Gattersägewerk mit Wasserbetrieb zu Saardam in Holland.
1597 In Dresden besteht eine Zuckerraffinerie.
1597 Erste Verwendung von Patronen, bei den Italienern.
um 1599 **Moritz** von Oranien besaß nach einem Flugblatt dieser Zeit einen Segelwagen.
1599 Entdeckung von Grahamsland.
1600 William **Gilberd** zu London begründet die wissenschaftliche

Elektrizitätslehre und die Lehre vom Erdmagnetismus durch sein Werk „de magnete", darin er das Wort „vis electrica" zuerst braucht (Buch 2. Kap. 2. Seite 52. Ausg. von 1600); er nimmt die Erde zuerst als einen großen Magneten an, unterscheidet die Wirkungen von Magnet und Bernstein, erklärte die Magnetisierung alter vertikaler Eisenstangen durch den Erdmagnetismus, lehrte in Europa zuerst, daß Eisen und noch besser Stahl durch Streichen mit dem Magnetstein magnetisch würden, gibt hier auch die Fadenaufhängung zuerst an und findet Glas, Schwefel, Siegellack, Harze, Bergkrystall, Edelsteine, Alaun und Steinsalze elektrisch, auch erfindet er ein einfaches Elektroskop (versorium electricum).

1600 Gründung der englisch-ostindischen Gesellschaft.
um 1600 Einführung der Merinoschafe in Spanien.
1601 **Porta** macht in seinem Werke „pneumaticorum libri III" zur Volumbestimmungsmethode des Dampfes und zur Wasserleitung mittels Heber über Berge Vorschläge.
1602 **Casciorolo** macht zuerst auf den Bologneserstein (Leuchtstein, Lichtmagnet) aufmerksam.
1602 **Galilei** veröffentlicht die von ihm entdeckten Pendelbewegungs- und Fallgesetze und beweist die parabolische Bahn der Geschosse.
1602 John **Willis** stellt das erste stenographische Alphabet auf.
1602 v. **Aschhausen** bietet dem Rat zu Nürnberg eine Feuerspritze mit Wenderohr an, diese Art findet sich 1614 in **Geisig's** „Theatrum machinarum".
1603 Stiftung der Academia dei Lincei (der Lüchse) zu Rom.
1603 Das Aräometer ist in Deutschland zur Bestimmung der Salzsole bekannt. — (J. **Thölden**, Halographia 1603.)
1603 Chr. **Scheiner** erfindet den Storchschnabel, den er in der Arbeit „Pantographice, Rom 1631" beschreibt.
1604 **Kepler** gibt die erste richtige Erklärung vom Vorgang und der Empfindung beim Sehen, sowie über die Kurz- und Weitsichtigkeit in: „paralipomena ad Vitellionem, sive astronomiae pars optica".
1604 von **Drebbel** macht einen Versuch über die Wärmeausdehnung aus dem ohne Grund die Erfindung des Thermometers gemacht wurde (Poggend. Ann., Bd. 83, 681).
1605 In Nürnberg kommen zuerst Särge in Gebrauch, die schon die Juden früh kannten (2. Kön. 3).
1605 Der Sonnenschirm kommt in Europa zuerst in Gebrauch.
1607 Gründung der Universität zu Gießen am 19. Mai.
1607 Jost **Burgi** (Bürgi, Byrgius) erfindet einen nach ihm benannten Proportionszirkel und veröffentlicht eine unvollkommene Tafel mit Logarithmen; auch erwähnt man ihn als Erfinder der Penduhren, doch sollte er nur für Landgraf

Wilhelm den Weisen von Cassel genaue Uhren anfertigen. (Siehe 1620.)

1607 Latinus **Tancredus** erzielt durch Mischung von Schnee und Salpeter eine bedeutende Kälte.

1608 Älteste bekannte Postbotenordnung. von Leipzig.

1608 Abbildung eines Segelwagens auf der Karte von Holland des Wilhelm **Janszoon**.

1608 **Corgate** bringt die ersten Eßgabeln von Italien nach England.

1608 De **Vigenère** entdeckt die Benzoësäure.

1608 Auf der Frankfurter Herbstmesse verkauft ein Niederländer schon das 1. Fernrohr in Deutschland (Mitteilung des Simon **Marius** von 1614).

1608 Hans **Lippersheim** (auch L a p r e y genannt) aus Wesel. Brillenmacher zu Middelburg. sucht am 2. Oktober ein Patent auf ein Fernrohr bei den Generalstaaten nach.

1608 J. **Adriaansz.** genannt **Metius** sucht am 17. Oktober, „da er durch Fleiss und Nachdenken schon seit 2 Jahren solche Instrumente construirt habe" ebenda ein solches Patent nach.

1609 Letzte Nachricht von magnetischen Wagen in China.

1609 **Galilei** der im Juni 1609 zu Venedig von den in Holland erfundenen Fernrohren gehört, gelangt durch Überlegung auf das Prinzip des nach ihm benannten Fernrohrs (G a l i l e i' s Streitschrift „Saggiatore" gegen **Grassi**. Pseudonym S a r s i). Er überreicht das Rohr dem Senat zu Venedig am 23. August.

1609 **Kepler** veröffentlicht die beiden ersten von ihm entdeckten Gesetze der Planetenbewegung in „Astronomia nova", Heidbg.

1610 **Galilei** entdeckt mit seinem Fernrohr die Monde des Jupiter, „Mediceische Sterne" genannt, am 7. Januar; am Ende des Jahres fand er die Mondberge, zerlegte den Schimmer der Milchstraße in einzelne Sterne, entdeckte die Sonnenflecken und hielt sie für wolkenartige Gebilde (G a l i l e i, nuncius sidereus, 1610).

1610 J o h a n n **Fabricius** entdeckte selbständig die Sonnenflecken, die er aber in „de maculis in sole observatis. Wittenberg 1611" für Schlackenbildungen ansah.

1610 H. **Haydn** erfindet das „Nürnberger Hackebrett".

1611 **Kepler** konstruiert das nach ihm benannte Fernrohr, welches **Scheiner** nach seinen Angaben ausführte.

1611 Ältestes Postamt in Leipzig.

1611 Chr. **Scheiner** beobachtet erst im März den ersten Sonnenfleck.

1612 Simon **Marius** (richtig M a y r) entdeckt die ersten Nebelflecke in der Andromeda; auch nahm er die Priorität für die Entdeckung der Jupitermonde, die er „brandenburgische Sterne" nannte, in Anspruch.

1612 Das erste unregelmäßig erscheinende deutsche Nenigkeitsblatt „Aviso, Relation oder Zeitung, was sich begeben und zugetragen hat in Deutschland und Welschland, Spanien und Frankreich, in Ost- und Westindien" erscheint.

1612 Flammöfen in England erfunden.
1612 **Galilei** und **Gassendi** machen auf die abnorme Erscheinung des Saturn aufmerksam.
1612 **Galilei** fertigt ein Mikroskop, daß er an König Sigismund von Polen schickt.
1614 Älteste Schule für gewerblichen Unterricht in Deutschland errichtet von Amos **Comenius**.
1614 Lord John **Napier** (auch Nepper genannt) veröffentlicht die erste Logarithmentafel in „logarithmorum canonis descriptio", er gab dieser von ihm unabhängig von Bürgi erfundenen Rechnungsart auch den Namen.
1614 Die Rapunzel kommt von Amerika nach Europa.
1614 **Desmicianus** führt den Namen „Mikroskop" ein.
1615 Das heutige „Frankfurter Journal" erscheint als erstes unregelmäßiges Wochenblatt bei Emanuel **Egenolph** zu Frankfurt a. M.
1615 Salomon de **Caus**, Baumeister am Heidelberger Schloß, schreibt „les raisons des forces mouvantes", woraus Arago für ihn irrtümlich die Erfindung der Dampfmaschine ableitete, weil darin angegeben ist, aus einem Gefäß durch Erhitzung das Wasser in einer Röhre emporzutreiben.
1615 **Snell** macht die erste Erdmessung mit Hilfe der Triangulation zwischen Alkmar und Bergen op Zoom.
1615 Cykloide von **Mersenne** entdeckt.
1616 Franz **Kessler** aus Wetzlar veröffentlicht eine in Oppenheim erschienene Broschüre: „Unterschiedliche geheime Künste, die erste: Ortsforschung, dadurch einer den anderen über Wasser und Land alle Heimlichkeiten offenbaren mag; die andere: Wasserharnisch, dadurch jemand etliche Stunden unter Wasser sein kann" etc.; darin liegt die erste neuere Idee eines optischen Feuertelegraphen, und Angaben über ein Taucherkostüm. (Wiedemann's Ann. XIII, S. 208.)
1616 Universität zu Paderborn gegründet.
1616 **Copernicus** „de revolutionibus" von 1543 wird am 5. März kirchlich verboten und erst — 1835 freigegeben.
1616 **Zuchi** (Zuchius) hat eine rohe Idee eines Spiegelteleskops.
1616 Faustus **Veranzio** konstruiert einen Fallschirm und beschreibt eine eiserne Kettenbrücke.
1618 **J. u. O. Strada** beschreiben in ihrem zu Frankfurt erschienenen Werke über Mühlenbau horizontale Wasserräder.
1618 Eisenschneidewerk von **Dawbeny** erfunden.
1618 In **Sirturi's** Schrift „telescopium" findet sich das Wort „Teleskop" zuerst.

1618 In England wird das erste Patent genommen auf eine Vorrichtung für mechanische Fortbewegung von Schiffen.
1618 In seinem „Epitome astronomicae Copernicanae", veröffentlicht **Kepler** das von ihm am 15. Mai entdeckte dritte Planetengesetz.
1618 **Galilei** konstruiert das erste binokulare Fernrohr.
1619 **W. Harwey** entdeckt den Blutkreislauf, auch ist er der Urheber der Eiweiß- und Evolutionstheorie.
1619 Lord **Dudley** macht die Erfindung Eisen mit Steinkohle zu schmelzen.
1620 Francis **Bacon** von Verulam stellt in seinem „novum organon scientiarum" die Erfahrung als Ursache des Wissens auf, jedoch nur für die Philosophie, nicht für die Naturwissenschaften, die schon durch **Galilei** von diesem Gesichtspunkte aus reformiert wurden.
1620 Koksfabrikation in England.
1620 **Testatori** verbessert die Geige.
1620 **Snell** van Royen (Snellius genannt) findet die Beziehungen zwischen Einfall- und Brechungswinkel des Lichtstrahles.
1620 **Vouet** in Paris erfindet die Pastellmalerei.
1620 **Burgi** beschreibt in seinen: „Aritm. und geom. Progress.-Tabulen." den Reduktionszirkel und die Penduluhr. (Siehe 1607.)
1620 **Drebbel** konstruiert die ersten Sprengtorpedos.
1620 Von Böhmen aus wird das Verzinnen des Blechs zunächst in Sachsen bekannt.
1621 Das 1536 gegründete Kollegium zu Straßburg wird am 5. Februar zur Universität erhoben.
1621 **Gassendi** beobachtet das große Nordlicht vom 12. September und nennt die Erscheinung „Aurora borealis"; Anfang der wissenschaftlichen Nordlichtbeobachtungen.
1622 Edmund **Gunter** findet die säculare Veränderlichkeit der magnetischen Deklination; er braucht zuerst das Wort „Cosinus".
1623 Ältestes Patentgesetz der Erde in England vorgelegt, bestätigt 1624.
1623 Erstes deutsches Handelsgericht zu Hamburg.
1624 **Bacon** von Verulam entdeckt das Gesetz von der Reflektion und Fortpflanzung des Schalles, auch macht er den Vorschlag durch Abfeuern von Geschützen die Schallgeschwindigkeit zu messen.
1624 Die Venetianer importieren Kaffee aus der Levante.
1624 **Gunter** erfindet den logarithmischen Rechenstab.
1624 **Drebbel** versucht ein Unterwasserboot auf der Themse.
1624 **Leurechon** braucht zuerst den Namen „Thermometer".
1625 Francesco **Fontana** erfindet zu Neapel das zusammengesetzte Mikroskop und veröffentlicht es in: „novae coelestium terrestriumque rerum observationes . . . . ." Neapel 1646.
1625 Verlegung der Universität Gießen am 5. Mai nach Marburg.

1625	Erfindung der Glasthränen in mecklenburgischen Glashütten.
1625	**Stelluti** beobachtet einen Teil der Biene mit dem Mikroskop.
1627	Letzter Hansatag, zu Köln.
1627	**Kepler's** „Tabulae Rudolphinae astronomicae" erscheinen zu Ulm.
1627	Letzte Verwendung von Bogenschützen, von den Engländern bei der Belagerung von Rey.
1629	**Joh. Branca** ließ den Dampf aus einem Aeolusball gegen ein Schaufelrad blasen.
1630	Joh. **Fabricius** aus Hilden entfernt Eisensplitter mittels des Magneten aus dem Auge. — (Fabricii Opera, cent. V. obs. 21, Francf. 1656.)
1630	Erfindung gegossener Lichte.
1630	**Scheiner** beschreibt das von ihm erfundene Helioskop in seiner „Rosa Ursina sive sol", Brocciano 1630.
1630	**Descartes** gründet die erste technische Schule in Frankreich.
1630	**Alstedius** aus Herbronn veröffentlicht die erste größere deutsche Encyklopädie.
1630	**Beaumont** führt hölzerne Schienen auf englischen Grubenbahnen ein.
1630	Erster Anbau der Kartoffel im großen in Lothringen.
1630	Italiener erfinden in Paris die Limonade.
1631	**Fox** bemerkt die Entmagnetisierung der Magnetnadel durch große Kälte.
1631	Adrian van **Mynsicht** entdeckt den Brechweinstein.
1631	**Vernier** erfindet den unrichtig „Nonius" bezeichneten Meßapparat. (Vernier, Construction du quadrant. 1631.)
1631	Der von **Kepler** vorausberechnete Vorübergang des Merkur vor der Sonne tritt als erster sicherer Beweis der Richtigkeit der kopernikanischen Lehre am 7. November ein.
1632	**Galilei** verteidigt das kopernikanische Weltsystem als Hypothese in seinem Werke „Dialogo di Galileo Galilei sopra i due massimi sistemi del mondo, Tolemaico e Copernicano" (Firenze, 1632).
1632	Universität Dorpat gestiftet am 30. Juni.
1632	**Tontin** erfindet undurchsichtige Emaillefarben.
1632	**J. Rey** erfindet die heutige Kugelröhre der Thermometer; auf die gleiche Idee kam später Großherzog **Ferdinand** II. v. Toskana.
1633	**Galilei** wird am 23. Juni vor das Inquisitionsgericht zu Rom gestellt und muß seine Lehre abschwören: „Ich schwöre ab, verfluche und verdamme die Lehre, dass die Sonne stille stehe, und die Erde sich drehe; ich verspreche nie von einer Drehung der Erde zu reden oder zu schreiben, weil das heilige Gericht dies als eine falsche, ketzerische und schriftwidrige Meinung verdammt," dann wird er auf unbestimmte Zeit zum Kerker

und zum wöchentlichen Abbeten von 7 Bußpsalmen während 3 Jahren verurteilt, doch wurde ihm der Kerker erlassen.

1634 Henry **Gellibrand** bestimmt zuerst genau die säkulare Veränderlichkeit der magnetischen Deklination zu London und veröffentlicht sie 1635.

1634 Älteste Erwähnung von Hebeladen (Levier sans fin) in Frankreich.

1635 Paul **Guldin** aus St. Gallen stellt in seinem „de centro gravitatis" Vindobon.. die nach ihm benannte Regel der barycentrischen Methode auf, die man schon um 380 kannte.

1635 A. van **Leeuwenhoëk** entdeckt mit dem Mikroskop die Infusorienwelt.

1635 Ein königl. Edikt vom 29. Januar erhebt eine um 1610 von 10 Männern gebildete Privatgesellschaft auf Betreiben Richeliens zur „Académie Française".

1635 **Norwood** mißt zuerst einen Meridian mit der Meßkette zwischen London und York; Resultat = 367196 Londoner Fuß = 57300 Toisen.

1636 D. **Schwenter** gibt in seinen „Mathemathisch-philosophischen Erquickstunden, 8. Teil. Aufg. 10", eine Beschreibung eines magnetischen Telegraphen zwischen Rom und Paris.

1636 Bekanntwerden der Chinarinde.

1637 Am 10. Juli hält die 1635 gegründete Gesellschaft der Wissenschaften ihre erste Sitzung zu Paris ab.

um 1637 Die Holländer legen bei Brooklyn Flutmühlen an, die noch bestehen.

1637 **Cartesius** macht das Gesetz der Strahlenbrechung bekannt, das **Snell** schon 1620 gefunden hatte. (R. des Cartes, Géométrie. 1637.)

1637 **Galilei** entdeckt die Libration des Mondes und erwähnt am 5. November in einem Brief an **Micanzio** einen von ihm gefertigten Zeitmesser der Stunden, Minuten und Sekunden angibt.

1638 Beginn der Rasiermesserindustrie Shefields.

1639 **Galilei** beschreibt in einem Brief an Lorenzo **Reaal** vom 5. Juli das Pendel zur Zeitmessung.

1639 Einführung des Korns an Schießwaffen.

1639 C. **Drebbel** erfindet eine künstliche Scharlachfarbe aus Cochenille und Zinnlösung.

1639 **Mersenne** baut ein Spiegelteleskop.

1640 **Gascoigne** erfindet das erste Mikrometer, es besteht aus zwei scharfkantigen, verschiebbaren Platten. — (Phil. Trans. No. 25, S. 457.)

1640 **Galilei** diktiert, da er erblindet, seinem Sohn und **Viviani** die Bauart der Pendeluhr.

1640 Das erste Bajonett zu Bayonne erfunden, es wurde in die Laufmündung eingesetzt.

1640 Franz **Aggiunte** in Toskana erklärt das Kapillaritätsproblem.
1640 van **Helmont** bildet das Wort „Gas", auch kennt er die Kohlensäure als „gas sylvestre".
1640 Einführung des persischen Flieders (Syringa pers.) in Europa.
um 1640 Erfindung des Wassertrommelgebläses in Italien.
1640 Erste Glashütte in Schweden.
1640 Regenschirme werden in Frankreich bekannt.
1641 Athanasius **Kircher** macht Versuche zur Verwendung der Dampfkraft; auch bringt er zuerst das Wort „Elektro-Magnetismos" in seinem Werke „Magnes".
1641 Christforo **Borro** (Burrus) zeichnet die erste isogonische Karte, mit deren Hilfe er die Länge auf See finden wollte; — (Kircher, Magnes 1643, S. 443) er schrieb: „de arte navigandi" Lissabon 1641.
1642 **Gobelin** ein Pariser Färber erfindet die Hautelisseweberei mit der er die ersten „Gobelins" herstellt.
1642 Erste Rechenmaschine von **Pascal**.
1643 Evangelista **Toricelli** entdeckt die Wirkung des Luftdruckes auf eine eingeschlossene Quecksilbersäule; sein Freund **Viviani** zeigt auf seine Mitteilung hin das erste gelungene Experiment. (Barometer, erster wirklich luftleerer Raum, sogenannte Toricelli'sche Leere.)
1643 A. **Kircher** verbessert Galilei's Thermometer und wendet zuerst Quecksilber dazu an.
1644 **Cartesius** veröffentlicht in seinem Werk: „principia philosophiae" seine Ansichten über das Wesen des Lichtes; er erklärt die Entstehung des Regenbogen durch Brechung und Reflexion des Lichtes im Regentropfen. (Meteora, c. 8, 11.)
1645 Der Pater Anton Maria (**Schyrlaeus**) erfindet im Kloster Rheita das terrestrische Fernrohr — (Oculus Enochii atque Eliae, Antwerp, 1665.)
1646 **Kircher** macht in seinem Werke „Ars magna lucis et umbrae" den Vorschlag Brennspiegel durch Zusammensetzung von vielen kleinen Planspiegeln anzufertigen; auch beschreibt er dadurch eine Art Kaleidoskop und gibt unter dem Titel „Fabrica machinae volatilis" die Anweisung diese wie einen „Drachen" zu bemalen, daher dieser Name stammt.
1647 **Hevel** gibt die erste einigermaßen richtige Mondkarte zu Danzig heraus.
1648 **Pascal** versucht einen Nachweis der Richtigkeit der Toricelli'schen Ansicht vom Luftdruck; Pascals Schwager **Périer** besteigt auf seine Veranlassung am 19. September den Puy-de-Dôme bei Clermont mit einer quecksilbergefüllten Barometerröhre und findet den Stand des Quecksilbers auf dem Berge 3" 15"' tiefer als unten.
1648 J. A. **Leeghwater** schlägt zuerst die Trockenlegung des

55 000 Morgen großen Haarlemer Meeres, mittels 160 Windmühlenpumpwerken vor.
1648 Erster Anbau der Kartoffel im großen im damaligen Deutschland, zu Bieberau.
1648 **Kircher** beschreibt das Höhrrohr.
1649 Fiberrinde kommt nach Europa.
1649 Johann **Hautsch** baut einen durch ein Uhrwerk (?) getriebenen vierrädrigen Wagen der 1.6 km in der Stunde fuhr und den später Prinz Karl Gustav von Schweden kaufte; ein ähnlicher kam an den dänischen Hof.
1650 Steinschloßgewehr, daher der Name „Flinten" von Flintfeuerstein, erfunden in Italien.
um 1650 J. R. **Glauber** entdeckt das schwefelsaure Natron (Glaubersalz); in seinen „opera omnia, Amsterdam 1661" sal mirabile Glauberi genannt.
um 1650 Erfindung des Aalporzellans (gelbes Porzellan) in China.
um 1650 Erfindung der Graupenmühle in Deutschland.
1650 Athan **Kircher** erfindet das Brummeisen, eine den Chinesen schon im Altertum unter dem Namen Tscheng bekannte Art Mundharmonika.
um 1650 **Guericke** erfindet die Luftpumpe.
1650 **Huyghens** entdeckt das Gesetz vom Schwingungspunkt.
1650 **Grimaldi** entdeckt die Beugung des Lichtes und die Interferenzerscheinungen. — (Grimaldi, physico mathesis de lumine, Bononiae 1665.)
um 1650 Der gelähmte Uhrmacher Stephan **Farfler** baut sich zu Nürnberg ein Dreirad mit Handkurbelantrieb am Vorderrad.
1651 Älteste Abbildung von Hebeladen in Deutschland in dem Buch „Mathematische Erquickungsstunden."
1652 **Bausch** stiftet am 1. Januar die „Academia naturae curiosorum" zu Wien. (Siehe 1687.)
1652 Einführung des Kaffees in England.
1653 Cyrano de **Bergerac** spricht in „voyage a la lune" von einem Kasten mit einem feinen Mechanismus, der durch eine „Nadel", wie aus dem Munde eines Menschen oder eines Musikinstrumentes Laute ertönen läßt, bei dem man „zum Lesen und Lernen der Augen nicht bedarf, nur der Ohren" (s. 1682).
1653 Erstes Postwertzeichen (Briefmarke) von de **Valeyer** in Paris.
1653 **Fournier** und **Mersenne** konstruieren ein Unterwasserboot.
1654 **Guericke** stellt auf dem Reichstag in den ersten Tagen des Mai zu Regensburg großartige Versuche mit der Luftpumpe und zwei „Magdeburger Halbkugeln", die 24 Pferde nicht auseinander ziehen konnten, an. Die Kugeln hatten 1 Elle Durchmesser.
1654 Gründung der Universität zu Herborn; aufgehoben 1817.

1655 Gründung der Universität zu Duisburg.
1655 Joh. **Hautsch** zu Nürnberg fügt den Heronsball als Windkessel zur Feuerspritze.
1656 **Jaquin** zu Paris erfindet die künstlichen Glasperlen.
1657 **Huyghens** erhält von den Generalstaaten ein Patent auf die von ihm selbständig erfundene Pendeluhr am 16. Juni. Seine erste Pendeluhr ist noch im physikalischen Kabinet zu Leyden.
1657 C. **Schott** veröffentlicht **Guericke's** Versuche in: „de arte mechanica-hydraulico-pneumatica".
1657 Der Pater **Dorbzensky** versucht einen Dampfapparat.
1657 **Galilei's** Schüler gründen die „Accademia del Cimento" zu Florenz.
1658 **Huyghens** entdeckt das Gesetz der Schwungbewegung im Kreise.
1658 **Brouncker** entdeckt die Kettenbrüche.
1658 R. **Hook** erfindet die Spiralfederunruhe an Taschenuhren; eine solche Uhr Karls V. trägt wenigstens seinen Namen mit dieser Jahreszahl.
1658 **Thevenot** reicht zuerst Kaffee nach einem Diner.
1658 **Baker** in Holland erfindet die Schiffshebemaschine (Kameel).
1658 **Guericke** erfindet das nach ihm benannte Wettermännchen. (Brief seines Sohnes vom 1. August 1665.)
1659 Gründung der Königlichen Bibliothek zu Berlin.
1660 Übergang der magnetischen Deklination für N.-W. Europa von Osten nach Westen.
1660 Einführung des Lötrohres.
1660 Francesco **Lana** in Brescia arbeitet zuerst ein Projekt eines Luftschiffes aus.
1660 **Huyghens** erklärt die abnorme Erscheinung am Saturn als einen „Ring".
1660 **Kircher** beschreibt die Aeolsharfe.
1660 Erfindung der Cylinderwasseruhr in Italien.
1661 Melch. **Thévenot** erfindet die Wasserwage und deren Füllung mit Weingeist und beschreibt sie in einem Brief (1661) an **Viviani**.
1661 **Guericke** erfindet den Quecksilbermanometer.
1661 Die Academia del Cimento zu Florenz glaubt aus Versuchen bewiesen zu haben, daß das Wasser unzusammendrückbar sei.
1661 Marquis of **Worcester** erfindet den ersten Revolver.
1662 Die „Royal Society of Sciences" zu London wird am 15. Juli aus einer seit 1645 bestehenden Privatgesellschaft gebildet.
1662 Mietbare Laternenträger in Paris zur Straßenbeleuchtung, eingeführt durch den Abbé **Laudati**.
1662 **Boyle** veröffentlicht sein Gesetz der Spannkraft der Gase in seinem: „Spring and Weight of the air."
1663 Der Marquis of **Worcester** veröffentlicht sein Werk „A century of the names and scantlings of such inventions".

1663 **Newton** versucht einen Wagen durch rückstoßenden Dampf zu bewegen, den er 1680 zu verbessern suchte.
1663 **Guericke** erfindet (spätestens) die erste Elektrisiermaschine (die Originalmaschine (?) besitzt seit 1815 das Polytechnikum Braunschweig) und vollendet am 31. März sein Werk „experimenta nova", das 1672 erschien.
1663 **Gregory** veröffentlicht die Anwendung von Hohlspiegeln zu Teleskopen, einen Plan, den er 1661 gefaßt hatte.
1663 J. v. **Locatelli** in Klagenfurt erfindet eine Säemaschine.
1663 Der Marquis von **Worcester** veröffentlicht die Idee seiner Dampfmaschine gegen ein Patent auf 90 Jahre.
1664 **Clayton** beobachtet zuerst brennbare Gase bei der Erhitzung von Steinkohle.
1664 Kurfürst **Karl Ludwig** baut das zweite große Heidelberger Faß von 204 Fuder, 3 Ohm und 4 Viertel Inhalt; ausgebessert 1728 steht es noch heute.
1665 „Journal des Savantes", die erste wissenschaftliche Zeitschrift, erscheint zu Paris.
1665 **Karl II.** baut die Sternwarte zu Greenwich.
1665 In England kommen Graphitschreibstifte (Bleistifte) in den Handel.
1665 **Hook** erfindet das Radbarometer und lehrt die Schwingungsbewegungen des Lichtes.
1665 Gründung der Universität Kiel am 15. Oktober.
1665 Zur Hebung der Kanonen der spanischen Armada finden Taucherglocken wieder Verwendung.
1665 **Bacon von Verulam** erklärt in seinem Werke „de interpretatione naturae" Frankfurt 1665, die Wärme als eine vibrierende Bewegung der Körperatome.
1665 **Castaing** erfindet das Münzrändelwerk (s. 1685).
1666 Die „Royal Society" gibt ihre „Philosophical Transactions" heraus.
1666 **Colbert** vereinigt eine Reihe Naturforscher zur „Académie des sciences".
1666 **Redi** veröffentlicht in seinem Buche: „Experim. natur." die erste anatomische Untersuchung eines Zitterfisches, des Rochen.
1666 **Newton** erfindet die Fluxionsrechnung, eine der von Leibnitz erfundenen Differentialrechnung ähnliche Art (siehe 1675), auch entdeckt er die richtige Theorie von Ebbe und Flut.
1666 **Tachenius** erfindet das Knallpulver.
1666 **Newton** entdeckt die Dispersion des Lichtes (s. 1672), und stellt die Emanationstheorie auf.
1666 Fadenmikrometer von **Auzont** erfunden.
1667 **Picard** erfindet das Fadenkreuz, das er aus Seidenfäden herstellt.
1667 Die Academia del Cimento zu Florenz veröffentlicht die elektrische Leistungsfähigkeit der Flamme.

1667 **Denys** und **Riva** überführen zuerst Blut von gesunden auf kranke Menschen über.
1667 Vollendung der ersten regelmäßigen Straßenbeleuchtung zu Paris für die Zeit vom 20. Oktober bis Ende März durch den Polizeileutnant **de la Reynie**.
1667 **Cassini** errichtet die Sternwarte zu Paris.
1667 R. **Hooke** gibt zuerst die Idee an, die menschliche Stimme durch einen straff gespannten Faden zu übertragen.
1667 **Auzout** führt das Fernrohr als Visierinstrument ein.
1668 Einführung der Straßenbeleuchtung zu London.
1668 **Boyle** entdeckt das später nach **Mariotte** benannte Gesetz vom Gasdrucke. (Siehe 1679.)
1668 Die Royal Society zu London stellt eine Preisaufgabe über die Untersuchung der Lehre vom Stoß, die **Wallis** in seiner am 26. November eingereichten Arbeit für unelastische, **Huyghens** in der unter dem 4. Januar 1669 eingereichten Arbeit aber für elastische Körper und zwar so allgemein entwickelte, daß letzterer dabei schon die Grundzüge des von **Leibnitz** 1686 benannten „Gesetzes von der Erhaltung der lebendigen Kraft" ausspricht.
1669 In **Grimmelshausen's** „Der abenteuerliche Simplicissimus" ist die Rede von einer Einrichtung „vermittelst deren man wunderbarlicherweise alles hören kann, was in unglaublicher Ferne ertönt oder geredet wird". (?)
1669 **Brandt** in Hamburg entdeckt den Phosphor im Harn.
1669 E. **Bartholin** in Kopenhagen entdeckt die doppelte Strahlenbrechung im Kalkspath.
1669 Gradmessung von **Picard**; Resultat 57060 Toisen = 1 Grad. Er vermutet, daß die Erde keine vollkommene Kugelgestalt habe.
1670 **Schwankhardt** zu Nürnberg entdeckte nach einer Chronik das Glasätzverfahren mit Flußspat und Schwefelsäure.
1670 Samuel **Morland** erfindet das Sprachrohr zur Verstärkung der Stimme.
1670 Einführung des Kaffees in Deutschland.
1670 Zusammenlegbare Regenschirme kommen in Italien auf.
1670 Erfindung der Holländer-Maschine für die Papierfabrikation.
1670 Die Wiener Akadamie von 1652 beginnt die Publikationen ihrer „Ephemerides".
1670 G. **Mouton** regt in seinen „Observationes diametrorum" zuerst an, die Länge der Minute eines Meridiangrades, Mille genannt, dem Maßsystem zu Grunde zu legen.
1671 **Leibnitz** sieht an einer ihm von Guericke geschickten Schwefelkugel (Elektrisiermaschine) den ersten elektrischen Funken und teilt dies Guericke 1672 in einem Briefe mit. — (Elektrot. Zeitschr. Berlin. 1883. S. 284); er regt auch bei Louis XIV. den Suezkanal an.

1671 Gründung der Universität zu Urbino.
1671 Erstes Kaffeehaus Frankreichs zu Marseille.
1671 **Kircher** beschreibt die Zauberlaterne zuerst in seiner: „Ars magna lucis et umbrae". 2. Aufl., Rom 1671. S. 915.
1671 **Richer** beobachtet die Veränderung in der Schwingungsdauer des Sekundenpendels zu Cayenne und entdeckt den Zitteraal. — (Mém. de l'acad. Paris, VII. S. 93.)
1671 **Newton** fertigt nach **Gregory's** Entwurf von 1663, den er etwas abänderte, das erste Spiegelteleskop, das er im Dezember der Royal Society vorlegte.
1672 Die Brüder van der **Heyde** zu Amsterdam erfinden die genähten Segeltuchschläuche (Schlangen) zu Feuerspritzen.
1672 Erstes Kaffeehaus zu Paris.
1672 Gründung der Universität zu Innsbruck.
1672 In Deutschland wird zuerst in Hamburg eine Straßenbeleuchtung vorgeschlagen.
1672 **Newton** sendet der Royal Society am 6. Febr. die Abhandlung über die Entdeckung der Dispersion des Lichtes und die Farbenerklärung.
1673 Hängekompaß mit doppelter Ringlagerung von **Röfsler** erfunden.
1673 Erste Beobachtung eines Blitzes der Drähten entlang fährt.
1673 **Huyghens** schreibt sein Werk „horologium oscillatorium".
1674 Deutschlands erste Münzpresse, sogenanntes Stoßwerk, zu Clausthal.
1674 **Papin** erfindet an der Luftpumpe den Rezipienten und die Klappenventile statt der Hähne.
1674 **Hevel** beschreibt die erste Maschine zur Kreisteilung (Animadversions, London 1674).
1675 **Leibnitz** vollendet am 29. Oktober zu Paris die von ihm selbständig erdachte Differentialrechnung.
1675 **Picard** beobachtet zuerst das (elektrische) Leuchten im luftleeren Raum geriebener Barometer, nannte die Ursache aber „mercurialischen Phosphor".
1675 **Boyle** erfindet das Skalenaräometer.
1675 O. **Römer** errechnete aus scheinbaren Verzögerungen in den Umlaufzeiten der Jupitermonde die Geschwindigkeit des Lichtes zu 42 000 Meilen in der Sekunde, nachdem schon **Cassini** am 12. August auf einen Zeitverlust bei der Fortpflanzung des Lichtes hingewiesen hatte.
1675 Erste regelmäßige Straßenbeleuchtung Deutschlands in Hamburg.
1675 Einführung der Biene nach Amerika.
1675 **Huyghens** empfiehlt die Uhr zur geographischen Längenmessung auf See. (Journal des savants, Febr. 1675.)
1676 **Barlow** erfindet die Repetieruhr.
1676 Erster Versuch einer Webemaschine von **Braun**.

1677 **Mariotte** erfindet die Perkussionsmaschine. — (Mariotte, Traité de la percussion. Paris 1677.)
1677 Die 1652 eröffnete Akademie wird Reichsakademie: „Sacri Romani Imperii Academia Naturae Curiosorum" am 3. August.
1678 **Hautefeuille** schlägt einen Pulverexplosionsmotor vor.
1678 Alois **Ramsay** erfindet eine Stenographie, die erste, die auch in Deutschland bekannt wurde.
1679 **Mariotte** legt das nach ihm benannte und 1668 von **Boyle** schon entdeckte Gesetz vom Gasdruck der Pariser Akademie vor.
1679 **Newton** weist die Achsendrehung der Erde theoretisch durch die östliche Abweichung eines frei fallenden Körpers nach.
1679 Einführung der Straßenbeleuchtung in Berlin.
1679 **Richard** baut am Genfer See die erste Taschenuhr.
1679 **Molineux** beschreibt ein Hygrometer.
1680 **Clement** erfindet die Haken- oder Ankerhemmung für Uhren.
1680 Erfindung der Stecknadelwippe zu Nürnberg.
1680 A. van **Berkel** beschreibt zuerst den Zitteraal von 1671.
1680 **Borelli** veröffentlicht die ersten wissenschaftlichen Grundlagen über den Vogelflug.
1680 **Huygens** baut ein Modell des von Hautefeuille 1678 angegebenen Motors.
1680 Antonio **Cento** aus Palermo erfindet den Goldfirnis.
1681 Erste Anwendung von Granaten, im Seekrieg von den Franzosen vor Algier, am 28. Oktober.
1681 **Riquet** baut den Canal du midi zwischen dem Atlant. Ozean (Garonne) und dem Mittelmeer.
1681 **Papin** erfindet zu Marburg die Zentrifugalpumpe, die er auch als Ventilator benutzte und die erste Art der atmosphärischen Dampfmaschine sowie den nach ihm benannten Digestor.
1682 Idee eines Phonographen in dem Werke von **J. J. Becher** „Närrische Weißheit" S. 26; man könne „etliche Worte als ein Echo durch eine Spirallinie in einer Flasche so verschlingen, daß man sie wohl eine Stunde lang über Land tragen könne und wenn man sie eröffne, die Worte erst gehört werden"; den Apparat Stentrophonium genannt, habe er bei dem Erfinder F. **Gründler** in Nürnberg gesehen.
1682 Die „Acta Eruditorum" Deutschlands erste gelehrte Zeitschrift, begründet von **Mencke** in Leipzig; mit dem 1782 erschienenen Jahrgang 1776, gingen sie ein.
1682 **Tschirnhausen** entdeckt die Brennlinie.
1682 **Tachard** beobachtet zuerst die tägliche magnetische Abweichung.
1682 **Newton** entdeckt das Gravitationsgesetz.
1683 Erstes Kaffeehaus zu Wien.
1683 Gründung der Universität zu Modena.
1683 Ältestes Patent auf Metallknöpfe, in England an **Maundrell** und **Williams** auf Zinnknöpfe erteilt.

1683 **Cassini** entdeckt das Zodiakallicht.
1684 J. **Jordan** in Stuttgart erfindet den gleichschenkligen Heber, den **Reisel** bekannt machte.
1684 Nicolaas von **Beschooten** in Amsterdam schickt am 19. Oktober den ersten von ihm erfundenen Fingerhut an eine Dame.
1684 **Huyghens** baut das erste Luftfernrohr.
1684 Vor Genua werden Granaten von 13,2 Zentner Gewicht verwendet.
1685 Der Ingenieur **Castaing** in Frankreich benutzt zuerst das 1665 erfundene Münzrändelwerk, im Mai.
1686 Joachim **Becker** schlägt Gas als Leuchtmittel vor.
1686 **Leibnitz** stellt das „Gesetz von der Erhaltung der lebendigen Kraft" auf.
1687 Die 1652 zu Wien gestiftete Akademie wird am 7. Aug. durch Kaiser **Leopold** zur „Sacri Romani Imperii Caesarea Leopoldina naturae curiosorum academia" erhoben.
1687 Wien erhält Straßenbeleuchtung.
1687 **Newton's** Werk: „Philosophiae naturalis principia mathematica" vollendet am 28. April 1686, erscheint zu London, darin die Formel zur Schallgeschwindigkeit, die Theorie der Lichtbrechung und der Gravitation.
1688 **Thevard** erfindet den Spiegelguß.
1688 Von Frankreich aus verbreitet sich der Zeugdruck.
1688 **Papin** veröffentlicht in den „acta eruditorum" zuerst seine atmosphärische Dampfmaschine.
1690 **Huyghens** veröffentlicht die Wellentheorie des Lichtes in seinem Werke: „Traité de la lumière, Leiden."
1690 Verbreitung des Zeugdruckes nach England.
1690 **Papin** veröffentlicht in den „Acta eruditorum" einen Aufsatz über die Fortbewegung eines Schiffes mittels Dampfes.
1691 Der Papst bestimmt den 1. Januar als den Jahresanfangstag.
1693 J. **Hardley** erhält das erste Patent auf einen Wellenkraftmotor „zur Gewinnung motorischer Kraft durch Ausnutzung der Bewegungen der Brandung". (Engl. Pat. Nr. 315.)
1693 **Ozanan** beschreibt einen vierrädrigen Wagen der durch einen hinten stehenden Diener getreten wurde und von dem Arzt **Richard** erbaut war.
1693 Stiftung der Universität zu Halle am 19. Oktober.
1693 **Meester** läßt ein Sprengschiff gegen St. Malo treiben (s. 1585); dies nannte man zuerst „infernal machine" (Höllenmaschine).
1693 **Vilarius** erfindet die Tabakpfeife mit langem Rohr und Abguß.
1693 **Leeuwenhoëk** entdeckt die Blutkörperchen.
1693 **Catinat** baut die erste Mont Cenis-Straße. (s. 1859.)
1694 **Schröder** stellt das metallische Arsen aus der arsenigen Säure dar.
1694 **Averani** und **Targioni** verbrennen den Diamant im Focus eines Brennglases.

1694 **Vassou** berichtet nach Akten von einem 1306 in Peking bei den Volksfesten der Thronbesteigung des Kaisers aufgestiegenen Luftballon. (?)
1695 **Tompson** erfindet die Zylinderhemmung an Uhren.
1695 **Morion** erfindet zu St. Cloude das weiche (Fritte-) Porzellan.
1696 **Denner** zu Nürnberg erfindet die Clarinette.
1696 Johann **Lotting** stellt zuerst Fingerhüte fabrikmäßig her, die man aber damals auf dem Daumen trug.
1697 Deutschlands erste Spiegelfabrik zu Neustadt a. d. Dosse.
1698 **Savery** nimmt am 25. Juli ein Patent auf eine Dampfmaschine zur direkten Hebung von Grubenwasser durch Dampf. (**Savery**. The miner's friend, 1702).
1699 **Amontons** legt das erste Projekt einer rotierenden Dampfmaschine der Akademie zu Paris vor.
1700 Am 10. Juli wird die Akademie der Wissenschaften zu Berlin gegründet.
1700 Annahme des gregorianischen Kalenders in den Niederlanden, dem nichtkatholischen Deutschland, in Dänemark und der Schweiz durch Überspringung vom 18. Februar auf den 1. März.
1700 Anfänge der Uhrenindustrie am Genfer See.
um 1700 **Savery** schlägt zuerst Dampf zur Bewegung von Straßenfuhrwerken vor.
1700 **Sauveur** entdeckt und erklärt die nach **Tartinis** Arbeiten von 1714 benannten Kombinationstöne. (Mém. de l'Acad. Paris. 1701.)
1700 **Römer** baut des erste Meridianfernrohr.
1700 **Ravenscroft** erfindet das Flintglas.
1701 **Halley** entwirft die erste genauere Karte der magnetischen Abweichungslinien auf der Erdoberfläche, gestützt auf die Beobachtungen von **Borro** 1641.
1702 Stiftung der Universität zu Breslau am 21. Oktober. (Siehe 1505.)
1702 Leipzig erhält Straßenbeleuchtung.
1702 Erste Milderung der Leibeigenschaft in Preußen.
1702 W. **Homberg** stellt die Borsäure aus Borax dar.
1703 Vom 8. August an erscheint zu Wien die erste regelmäßige Zeitung.
1703 Die Holländer bringen von Ceylon den ersten Turmalin nach Europa und nannten ihn, da er leichte Torfkohlenasche anzog, Aschenstrecker.
1703 **Amontons** findet das Gesetz, welches die Abhängigkeit eines Gasvolumens von seiner Temperatur gibt, wenn der Druck der gleiche bleibt; es blieb aber unbeachtet, bis **Gay-Lussac**, nach dem es benannt wird, von **Charles**, seinem Wiederentdecker, darauf aufmerksam gemacht wurde.

1704	**Diesbach** erfindet zu Berlin das Berlinerblau.
1704	Guilleaume **Amontons** macht vor der Kgl. Familie und der Akademie Versuche mit seinem optischen Telegraphen zu Paris.
1704	**Newton's** Werk „Optics".
1705	Straßenbeleuchtung in Dresden.
1705	**Papin** erfindet das Sicherheitsventil für Dampfapparate, das **Desaguliers** einführt.
1705	**Newcomen, Cowlay** und **Savery** erhalten ein Patent auf eine (atmosphärische) Dampfmaschine.
1705	**Hawksbee** erklärt das von Picard 1675 beobachtete Leuchten im luftleeren Raume als Elektrizitätswirkung (Phil. Trans. 1705) und verspürte zuerst das prickelnde Gefühl der Elektrizität auf der Haut.
1706	Gründung der ersten Lebensversicherungsgesellschaft, in England.
1707	**Cassini** und D. **Bernoulli** entdecken das (elektrische) Leuchten geriebener Tierfelle (Katzenfelle) wieder. (Siehe 460.)
1707	Am 27. September fährt Denis **Papin** mit seinem ersten Dampfboot auf der Fulda von Cassel bis Münden; vorher passierte ihm auch die erste Dampfkesselexplosion, zwei Menschen verloren ihr Leben dabei.
1707	In dem anonymen Buche „Curiöse Spekulationes bei schlaflosen Nächten, Leipzig 1707" erwähnt der Verfasser (der sächsische Stabsarzt **Daunius**?) die Anziehung des erwärmten Turmalins auf verschiedene leichte Körper.
1707	**Leibnitz** teilt in seinem Briefe vom 4. Februar an Papin zuerst die Idee mit, die Ventilhähne einer Dampfmaschine durch die Maschine selbst zu steuern.
1708	**Wall** vergleicht zuerst das Gewitter mit dem elektrischen Funken, doch sah er nicht zuerst den elektrischen Funken (siehe 1671). (Phil. trans. abridg., Bd. 26, No. 314, S. 170.)
1709	J. F. **Böttger** entdeckt die Herstellungsart des echten Porzellans.
1709	Zu Lissabon macht Don Bartholomeo Lorenzo de **Gusmao** den ersten Versuch mit einem Luftballon am 8. August vor der königlichen Familie.
1709	Zu Coalbrook-Dale macht man den ersten, allerdings mißlungenen, Versuch eines Hochofenprozesses mit Koaks.
1709	**Müller** und van der **May** erfinden die Stereotypie.
1709	**Le Bon** legt der Akademie zu Paris ein Paar Strümpfe und Handschuhe aus Spinnenseide vor.
1710	Einrichtung der ersten Porzellanfabrik Europas unter **Böttger** zu Meißen.
1710	Im botanischen Garten zu Amsterdam blüht zum erstenmal ein Kaffeebaum in Europa.
1710	Erfindung des sächsischen Blau.

1710	**Bayerfeld** erfindet die gestanzten Eßlöffel.
1710	**Homberg** erfindet den nach ihm benannten (selbstzündenden) Phosphor (Pyrophor).
1711	Die im Jahr 1700 gegründete Akademie zu Berlin wird als „Societät der Wissenschaften" am 19. Jan. eröffnet.
1711	Bartolo **Christofali** zu Florenz erfindet das „clavicembolo col piano et forte" woraus der Name Pianoforte entsteht.
1711	Frankfurt a Main erhält Straßenbeleuchtung.
1711	**Newcomen** baut die erste Dampfmaschine für den praktischen Betrieb. Sie kam sogleich zu Wolverhampton für einen Herrn Back zum Wasserheben in Betrieb. (Ein Originalmodell von Newcomen steht im Kings-College zu London.)
1712	Erstes Kaffeehaus in Stuttgart.
1712	**Newcomen's** Einspritzkondensation (in den Dampfcylinder).
1712	Akademie der Wissenschaften zu Bologna gegründet.
1713	Emanuel **Timonus** macht die Blatternimpfung in Europa bekannt.
1713	H. **Potter** erfindet die Selbststeuerung der Dampfmaschine.
1713	**Bartels** in Zellerfeld erfindet die Bergbohrmaschine.
1714	Das erste Kaffeebäumchen mit Frucht in Paris gezeigt.
1714	Das englische Parlament setzt drei Preise von 10000, 15000 und 20000 Pfund Sterling aus für den, der die Länge auf See bis zu 1. $^2/_3$ bezw. $^1/_2$ Grad finden könne.
1714	Erfindung der ersten Schreibmaschine, die aber nur für Blindenschrift eingerichtet war.
1714	**Fahrenheit** findet den Siedepunkt des Wassers konstant, wenn man den veränderlichen Luftdruck in Rechenschaft zieht.
1715	**Graham** erfindet die „ruhende" Ankerhemmung an Uhren.
1715	**Offyreus** erfindet ein berühmt gewordenes „Perpetuo mobile".
1716	**Halley** erfindet die Taucherglocke mit Luftzuführungsschlauch.
1717	**Reimann** beobachtet am 17. Juli zu Eperies den Blitz Drähten entlang fahrend und folgert daraus, daß Eisen den Blitz „anziehe" (siehe 1673).
1717	J. G. **Schröter** macht seine Erfindung des (Klavier-) Hammermechanismus, wohl unabhängig von **Christofali**.
1717	Errichtung einer Professur für Militär- und Zivilingenieurkunst durch **Willenberg** in Prag.
1718	Kaffeebau auf Surinam und Bourbon angefangen.
1718	**Geoffroy** entwirft die erste chemische Verwandtschaftstafel.
1718	Der „Holländer" kommt in der deutschen Papiermanufaktur in Gebrauch.
1718	H. **Beighton** verbessert die Dampfmaschinensteuerung.
1718	**Stahl** gibt die Theorie der Messingbereitung.
1718	Errichtung der Wiener Porzellanmanufaktur.
1719	Der erste Javakaffee kommt nach Holland.

1719	**Strachey** gibt die erste Beschreibung der englischen Silberbergwerke.
1720	Die Metallbohrmaschinen kommen um diese Zeit in Gebrauch.
1720	**Mossy**, ein Holländer Uhrmacher, erhält von der Pariser Akademie einen Preis auf ein Chronometer.
1720	Ein Ableger des Kaffeebaumes, der 1710 zu Amsterdam blühte, gelangt nach Martinique und begründet dort den Kaffeebau.
1720	**Hochbrucker** erfindet die Pedalharfe.
1720	Erfindung des Asbestpapieres.
1720	**Mersenne** versucht ein Schiff aus Eisen zu bauen.
1720	**Bock** in Leipzig erfindet das Schlauchweben ohne Naht.
1720	**G. E. Stahl** in Halle begründet das phlogistische System der Chemie.
1720	Erfindung der Zahnradschneidemaschine.
1720	**Facio** erfindet die Steinlagerung an Taschenuhren.
1721	Erstes Berliner Kaffeehaus gegründet.
1721	Straßenbeleuchtung in Basel, als erste in der Schweiz, eingerichtet.
1721	Quecksilberkompensationspendel für Uhren von **Graham** erfunden.
1722	**Graham** entdeckt die stündliche Abweichung der Magnetnadel.
1722	Eine **Papin**'sche Dampfmaschine gelangt durch Major **Weber** auf Schacht Königsberg bei Schemnitz in Ungarn zur Wasserhebung in Betrieb.
1722	**E. Schwedenborg** erfindet die Quecksilberluftpumpe.
1722	Erste Dampfmaschine in Deutschland in Betrieb durch Jos. Eman. **Fischer** Baron von Erlachen für den Landgrafen von Hessen.
1723	Meerschaumpfeife von **Kowatsch** aufgebracht.
1723	In Dresden werden zuerst die Fasern fremder Nesselpflanzen zu Geweben verarbeitet. (Nesseltuch.)
1724	**Fahrenheit** zu Danzig veröffentlicht seine Methode übereinstimmende Quecksilberthermometer herzustellen.
1724	**Freitag** erfindet den Zylinderblasebalg.
1724	Die Quäker machen den Anfang zur Antisklaverei-Agitation.
1725	**Bradley** entdeckt die Aberration des Lichtes.
1725	**Harrison** erfindet das Rostpendel an Uhren.
1725	**Weygand** aus Goldingen veröffentlicht das Verfahren mit nascirender Flußsäure Glas zu ätzen.
1725	**Leibnitz** organisiert die Akademie zu Petersburg.
1727	Universität zu Camerino gegründet.
1727	J. H. **Schulze** in Halle macht den ältesten bekannten photographischen Versuch.
1727	D. **Bernoulli** schlägt die Wasserreaktion zur Schiffsbewegung vor.
1727	**Kraut** entdeckt den Topas bei Schöneck in Sachsen.
1728	Gottfried **Silbermann** baut zu Freiburg i. B. die ersten deutschen Klaviere.

1728 Erste Diamantfunde in Brasilien.
1728 Einführung der Aster aus China nach Europa.
1728 **Paine** walzt zuerst Bleche.
1728 **Franklin** gründet eine Gelehrtengesellschaft „Junto" (s. 1769).
1729 **Gray** entdeckt am 3. Juli den Unterschied zwischen Leitern und Nichtleitern der Elektrizität. — (Phil. Trans. 37, 417. S. 18—44.)
1729 Auf ein Reaktionsdampfschiff wird das erste Patent genommen.
1729 **Hall** erfindet die achromatischen Linsen.
1729 **Terall** erfindet das Zentrifugalgebläse.
1729 Himmelsatlas von **Flamsteed**.
1730 **Kellerer** erfindet die Kukukuhr.
1730 **Loullin** erfindet den ersten Taktmesser.
1730 Baumwolle zum Strumpfwirken in England.
1731 **Hadley** führt den Spiegelsextanten aus.
1731 Erste Wassersäulenmaschine von **Denizard** erfunden.
1731 **Du Quet** schlägt eine Art Schiffsschraube vor, durch deren Kraft sich das Schiff an einem Seile den Fluß hinauf windet.
1731 **Musschenbroek** erfindet einen Pyrometer.
1731 **Castel** erfindet ein „optisches Klavier".
1732 **Gray** erfindet den Isolierschemel.
1732 Erster Versuch des Grafen **Moritz von Sachsen** zur Kettenschiffahrt, in Frankreich.
1732 **Freitag** in Gera erfindet das sogenannte französische Schloß.
1733 **Brandt** stellt Kobaltmetall dar.
1733 **Du Fay** unterscheidet Glas- und Harzelektrizitäten. (Mém. de l'acad. des sciences, Paris, 1733 S. 23 ff.)
1733 Privilegium für eine Universität zu Göttingen vom 13. Januar.
1735 Beginn der neunjährigen Gradmessung am 16. Mai in Peru seitens der Pariser Akademie.
1735 **Hadley** gibt die erste richtige Erklärung der Passatwinde.
1736 **Hulls** nimmt ein Patent zur Anwendung der Newcomen'schen Dampfmaschine in der Schiffahrt, auch schlägt er zur Dampfmaschine zuerst Kurbel und Schwungrad vor.
1736 Metallthermometer kommen in Gebrauch.
1736 J. N. **Luther** und Chr. **Sauer** gründen zu Germantown in Pennsylvanien die erste deutsche Zeitung in Amerika.
1736 **Gray** spürt zuerst die verstärkte Elektrizität. — (Phil. Trans. 37, 436.)
1737 Eröffnung der 1733 gestifteten Universität Göttingen am 17. September.
1737 J. **Kay** erfindet den Schnellschützen am Webestuhl.
1737 Erstes Musterschutzgesetz der Erde für die Muster der Lyoner Seidenindustrie.
1737 Die größte aller Glocken. 3860 Zentner (?) schwer, stürzt in Moskau ab.

1737 Horizontale Wasserräder in der Provence und der Dauphiné in Anwendung. — (Belidor „Architectura hydraul." 1737. II. Kap. 6 § 666.)
1738 Spinnmaschine von **Wyatt**, Spinningfram genannt.
1738 **Lieberkühn** macht das Sonnenmikroskop, das er von **Fahrenheit** kennen gelernt haben soll, bekannt.
1738 Versuche von **de La Caille** über die Geschwindigkeit des Schalles, zwischen Montlery und Montmartre, die gleich 337 Meter in der Sekunde gefunden wird (173 Toisen).
1738 P. **Lewis** erfindet die erste mechanische Vorrichtung zum „Krempeln" der Baumwolle.
1738 Älteste Nachricht von gußeisernen Grubenbahnschienen zu Whitehaven in England.
1739 **Réaumur** konstruiert das 80teilige Quecksilberthermometer.
1739 **Camellus** bringt die Camellie von den Philippinen nach Europa.
1739 **Clayton** empfiehlt zuerst Gas zum Kochen zu benutzen.
1739 C. **Polhem** gibt das erste Verfahren zum Imprägnieren des Holzes an.
1739 „Göttingische Gelehrte Anzeigen" erscheinen.
1740 Erster gelungener Hochofen-Prozeß mit Steinkohle, in England. (Bisher wurde Holzkohle verwendet.)
1740 **Friedrich der Grofse** schafft in Preußen die Folter ab.
1740 Dr. **Hales** erfindet den Flügelventilator.
1740 **Huntsman** in Sheffield erfindet den Gußstahl.
1740 Die Schwarzwälder Uhrenindustrie errichtet zu Eisenbach ihren ersten Stapelplatz.
1740 **Cruquius** macht einen erneuerten Vorschlag zur Trockenlegung des nun 65000 Morgen großen Haarlemer Meeres mittels 112 Windmühlen.
1740 Papiermaché erfunden von **Martin** in Paris.
1740 Erstes Projekt zu einer Forthbrücke.
1741 **Hioter** beobachtet zuerst die magnetischen Störungen des Nordlichtes am 1. März.
1741 Die erste Kettenbrücke in Europa erbaut, sie führte zu Winch in England über den Teesfluß; Länge 24.5 m, Breite 0.7 m; die Chinesen kennen diese Art schon sehr lange.
1741 **Robins** erfindet das ballistische Pendel.
1742 Durch die Bestätigung **Karl** VII. erhält die Wiener Akademie der Wissenschaften am 12. Juli den Namen „Leopoldina Carolina".
1742 Berlins erste Kattundruckerei eröffnet.
1742 **Celsius** zu Upsala führt seine hundertteilige Thermometerskala ein, deren Siedepunkt aber bei 0°, deren Gefrierpunkt bei 100° war.
1742 T. **Bolsover** erfindet das Plattieren von Metallen.

1742 Gründung der „Königl. Großbritannischen-Deutschen Gesellschaft der Wissenschaften" zu Göttingen.
1743 Am 13. April wird die Universität zu Erlangen gestiftet und am 4. November eröffnet.
1743 **Litzendorf** erfindet die erste drehbare Glaselektrisiermaschine. — (Hausen. Novi profectus, 1743.)
1743 **Strömer** in Upsala kehrt die **Celsius**'sche Thermometerskala von 1742 um.
1744 Dr. **Ludolph** entzündet Schwefeläther durch Elektrizität.
1744 **Kratzenstein** zu Halle heilt zuerst mittels Elektrizität Lähmungen.
1744 **Friedrich der Grofse** erhebt die „Sozietät der Wissenschaften" von 1700 zur „Königlichen Akademie der Wissenschaften".
1744 **Winkler** entzündet viele brennbare Flüssigkeiten mittels elektrischer Funken.
1744 Gründung der „American Philosophical Society" zu Philadelphia. (s. 1769.)
1745 Am 17. April wird zu Braunschweig die erste (technische) Lehranstalt für andere als die Universitätsfacher. die jetzige Technische Hochschule eröffnet.
1745 **Vaucanson** erfindet einen Musterwebestuhl.
1745 E. J. v. **Kleist** erfindet die elektrische Verstärkungsflasche am 11. Oktober zu Cammin in Pommern; die weiteren Versuche Musschenbroek's zu Leyden veranlassen Nollet den Namen „Leydener Flasche" einzuführen. (Krüger. Geschichte der Erde. Halle 1746.)
1745 **Miles** entdeckt die Leitungsfähigkeit der Flamme für Elektrizität wieder. — (Siehe 1667.)
1745 In dem in diesem Jahre erschienenen Briefwechsel zwischen **Leibniz** und **Bernoulli** spricht ersterer von einem transportablen Barometer, einem „metallischen Luftbehälter mit federnden Wandungen".
1745 Bürgermeister **Unger** in Einbeck erfindet die erste Notensetzmaschine. (Melograph.)
1746 **Winkler** entdeckt den „elektrischen Rückstand" in der Kleist'schen Flasche und drückt die Gewitter- und Nordlichtähnlichkeit mit der Elektrizität bestimmt und zuerst aus. (Winkler. Stärke der elektrischen Kraft des Wassers, Leipzig 1746. S. 136 und 137.)
1746 **Wilson** entdeckt das Gesetz der Oberflächenverhältnisse von Kondensatoren am 6. Oktober.
1746 **Marggraf** in Berlin entdeckt einen krystallisierbaren Zuckerstoff in der Runkelrübe.
1746 L. **Euler** verteidigt und erweitert die Huyghens'sche Undulationstheorie des Lichtes vergebens in „Nova theoria lucis et colorum. Berlin 1746" gegen Newton's Emanationstheorie.

1746 K. K. Theresianische Akademie der Wissenschaften zu Wien gegründet.
1746 **Nollet** tötet das erste lebende Wesen, einen Sperling, durch Elektrizität.
1746 **Krüger** nimmt zuerst die chemische Wirkung der Elektrizität, die Verfärbung von Mohnblättern, wahr. — (Krüger, Gesch. d. Erde. 1746, S. 175.)
1746 J. P. **Vetters** in Nürnberg verbessert die Pedalharfe.
1747 **Nollet** macht das erste Elektrometer bekannt.
1747 **Franklin** erklärt am 11. Juli die elektrische Spitzenwirkung, auch stellt er in diesem Jahre seine „unitare Hypothese von der Elektrizität" auf, und am 1. September gibt er die Theorie der Kleist'schen Flasche bekannt.
1747 Zu Berlin wird die erste Realschule durch **Hecker** gegründet, die jetzige Königliche Realschule.
1747 Die Engländer **Watson, Cavendish** und **Graham** machen am 14. August die ersten Versuche, Elektrizität durch Drähte auf weite Strecken fortzuleiten.
1747 **Winterschmidt** aus Braunschweig baut im Harz die erste Wassersäulenmaschine, zur Förderung von Grubenwasser.
1747 **Segner** in Göttingen erfindet das nach ihm benannte Reaktionswasserrad.
1747 **Linné** nennt den Turmalin, bis dahin Ceylonischer Magnet genannt, in seiner „flora zeylonica" Seite 8: „lapis electricus".
1748 Don **Ulloa** macht das Platin bekannt.
1748 **Bradley** entdeckt die Nutation der Erdachse.
1748 **Vaucanson** führt dem König Louis XV. im April einen Wagen vor, der zwei Personen faßte, derselbe wurde vom Wagenlenker durch Kurbeln bewegt. — (Almanach royal.)
1748 Erstes deutsches Löschkorps (Feuerwehr) in Barmen.
1749 Deutschlands letzter Hexenprozeß: Enthauptung und Verbrennung der Supriorin des Klosters Unterzell, zu Würzburg.
1749 Europas erste Safianfabrik zu St. Hippolyte im Elsaß.
1749 **Bevis** gibt der Kleist'schen Flasche den Staniolbelag. (Phil. Trans. II. Bd. 45, Seite 62, 77.)
1749 Sternkatalog von **Halley**.
1749 A. **Wilson** mißt zuerst die Temperatur der oberen Schichten durch ein am Drachen angehangenes Thermometer; erste wissenschaftliche Verwendung von Drachen.
um 1750 **Schamschurenkow**, ein russischer Bauer und Gefangener, baut ein „selbstlaufendes Wägelchen", das mit zwei Insassen vor dem Senat von Petersburg fuhr.
1750 Wasserspülabtritte kommen in Frankreich auf.
1750 Cichorien-Kaffee wird bekannt.
1750 Erste Messung zur Bestimmung des Abplattungskoeffizienten

der Erde auf der südlichen Halbkugel durch **La Caille** am Kap der guten Hoffnung.

1750 **Marggraf** beweist die chemische Zusammensetzung des Gipses aus Kalkerde und Schwefelsäure.

1750 **Bradley** findet die Schiefe der Ekliptik zu 23° 28′ 18″.

1750 **Franklin** teilt seine Blitzableiteridee zuerst in einem Briefe vom 29. Juli an Collinson mit; nach seiner Angabe darin ist die Arbeit 1749 schon verfaßt. (Franklin, News experim., S. 65, § 20.)

1750 In England beginnt um diese Zeit der Papiertapetendruck.

1750 **Grummert** aus Bjela in Polen macht den Vorschlag, das von Hawksbee 1705 nachgewiesene elektrische Leuchten im luftverdünntem Raume in Bergwerken und anderen feuergefährlichen Orten zur Beleuchtung zu verwenden. — (Gralath, Gesch. d. Elektr., T. 2, S. 414. 1754).

1750 Gottfr. **Silbermann** erfindet das „Cembal d'amour" benannte Klavierinstrument.

um 1750 **J. Dietrich** in Basel verfertigt die ersten Hufeisenmagnete.

um 1750 Erste Glashütte in Portugal.

1750 **Bouguer** erfindet das erste Photometer.

1751 Kurfürst **Karl Theodor** baut das (dritte) „große" Heidelberger Faß; Inhalt 221726 Liter = 300000 Flaschen.

1751 **Gotzkowsky** errichtet die spätere (s. 1763) königl. Porzellanmanufaktur zu Berlin.

1751 **Sulzer** aus Winterthur gibt die erste Nachricht von einer (galvanischen) Erscheinung, dem (elektrischen) Geschmack zweier Metalle: Sulzer, Das Vergnügen, 1782. — Hist. de l'acad. de Berlin, 1754, S. 356.

1751 **Adanson** findet auf seiner Reise am 26. September im Senegal eine Art der Zitterfische wieder, den Zitterwels (Malapterurus electricus) und vergleicht seine Schläge mit denen der Kleistschen Flasche (s. 30 v. C.).

1751 **Cronstedt** entdeckt das Nickel.

1751 **Wood** bringt das erste Platin nach Europa.

1751 **Chaumette** erfindet den ersten Hinterlader.

1751 Von **Diderot's** und d'**Alembert's** große „Encyclopédie ou dictionnaire raisonné des sciences, des arts et métiers" erscheint der erste Band zu Paris, der letzte (28.) erschien 1772.

1751 **Lavoisier** und **Laplace** beobachten zuerst die Elektrizität des Wasserdampfes und machen der Pariser Akademie hiervon am 6. März Mitteilung.

1752 Einführung des gregorianischen Kalenders in England.

1752 **Macquer** entdeckt das gelbe Blutlaugensalz.

1752 Ein Gehilfe von **Dalibard**, der Tischler **Coiffier**, zieht zu Marly la ville in Frankreich den ersten Blitzfunken in Europa aus einem Franklin'schen Blitzableiter, am 10. Mai.

1752 **Le Monnier** findet die höheren Schichten der Atmosphäre stets elektrisch.
1752 **Franklin** berichtet am 9. Oktober zuerst von seinem „Drachenversuch" wodurch er die elektrische Natur des Gewitters bewies.
1752 **Bernoulli** legt der Pariser Akademie seine Schiffsschraube vor, die aber unter dem Schiff angebracht war.
1753 Gründung des „British Museum" zu London.
1753 Vom 1. Februar datiert ein anonymes Schreiben aus Renfrew in Schottland, in dem ein **C. M.** (**C h a r l e s Marshal**?) unterzeichneter die erste Idee der elektrischen Telegraphie, aber ohne Angabe von Apparaten, darlegt. (Scot's Magazine, 1752. Bd. XV., S. 88.)
1753 **Richmann** wird zu St. Petersburg am 6. August an einem Versuchsblitzableiter erschlagen.
1753 J. K. **Höll** wendet das Prinzip des Heronsballes in Schemnitz zuerst zur Förderung von Grubenwasser an. (Nov. Comment. Soc. Reg. Götting., Bd. 4. 1773. S. 169.)
1753 **Winkler** empfiehlt in „de avertendi fulminis artificio" zuerst die Errichtung von Blitzableitern gegen Gewitterschäden.
1753 Ausstellung der von **Vaucanson** vor 1738 gebauten Automaten, einer Ente, eines Pfeifers und eines Flötisten.
1753 Einführung des gregorianischen Kalenders in Schweden und Schottland.
1754 P. **Divisch** errichtet zu Prenditz in Mähren den ersten der Praxis dienenden Blitzableiter und erhält darin am 9. Juli die erste Entladung. (P e l z e l. Abbildung böhmischer und mährischer Gelehrten. S. 178.)
1754 „Society of Arts" der älteste Gewerbeverein der Erde gegründet zu London.
1754 **Cort** erbaut das erste Eisenwalzwerk.
1754 Zu Erfurt wird am 19. Juli die „Akademie gemeinnütziger Wissenschaften" gegründet.
1754 **Hempel** erfindet das Inventionshorn.
1754 Erste Waschmaschine von **Stender** erfunden.
1754 **Canton** erfindet das Korkkugelelektroskop.
1755 J. C. **Bernhard** beschreibt zuerst das Verfahren der fabrikmäßigen Herstellung von Schwefelsäure aus Eisenvitriol.
1755 **Weisenthal** erfindet eine Nähmaschine.
1755 J. **Galiens** zu Avignon schlägt ein mit verdünnter Luft gefülltes großes Luftschiff vor.
1755 **Planta**, Seminardirektor aus Süß im Engadin, erfindet die Scheibenelektrisiermaschine. — (Allg. dtsch. Bibliothek, Anh. z. 13. bis 24. Bd., 1. Abt. S. 549.)
1755 Fadenkreuz aus Spinnefäden von F. **Fontana** angegeben.
1755 Errichtung der Porzellanmanufaktur zu Nymphenburg.
1756 Die erste Ausstellung Englands zu London; dortige Fabri-

kannten stellen neue Webe- und Spinnenmaschinen aus, es war zugleich die erste Landesausstellung.
1756 **Arduino** unterscheidet Formationen in der Geologie.
1756 In seiner „Dissertatio de aquae qualitatibus" macht **Leidenfrost** den nach ihm benannten Versuch bekannt.
1756 Crayon- (Kreide) Manier im Kupferstich erfunden.
1756 **Aepinus** entdeckt die elektrischen Pole an ungleichmäßig erwärmten Turmalinkrystallen. — (Mém. de l'acad. de Berlin, S. 105. 1756.)
1756 **Lehmann** gibt die erste wissenschaftliche Arbeit über Steinkohle.
1756 **Caldani** beobachtet, daß Frösche, kurz nach ihrer Tötung, durch Elektrizität in Zuckungen geraten.
um 1756 **Hohlfeld** aus Hennersdorf erfindet die erste Häckselschneidmaschine.
1757 John **Dollond** erfindet die achromatischen Fernrohre durch Verbindung von Flint- und Crownglaslinsen.
1757 In Landshut erfolgt noch eine Anklage wegen „Hexerei".
1757 Gründung einer gelehrten Privatgesellschaft zu Turin, der heutigen Akademie.
1757 **Hohlfeld** erfindet das Geigenklavier.
1758 Natron wird zuerst von **Marggraf** als ein Bestandteil des Kochsalzes beschrieben.
1758 Silhouetten kommen in Aufnahme.
1758 **La Condamine** gibt die erste Beschreibung vom Kautschuk.
1758 **Everett** erfindet die Schermaschine.
1758 **Fitz-Gerald** versucht die schwingende Bewegung des Balanciers an Dampfmaschinen durch ein Sperrwerk auf eine Welle mit Schwungrad zu übertragen.
1759 Eröffnung des 1753 gegründeten „British Museum" zu London.
1759 Stiftung der Kgl. Bayrischen Akademie der Wissenschaften zu München am 28. März.
1759 Graf von **Lauraguais** entdeckt den Essigäther.
1759 **Braun** in Petersburg entdeckt, daß das Quecksilber bei tiefen Temperaturen wie jedes andere Metall ein fester Körper ist. — (Braun, de admirando frigore artificiali, Petersburg 1760.)
1759 **Lagrange** stellt die Gesetze der Schwingungen gespannter Saiten auf.
1759 **Robison** in Glasgow arbeitet einen Dampfstraßenwagen aus.
1759 Portland-Cement von **Smeaton**.
1760 **Smeaton** erfindet das Zylindergebläse, das er zum Hochofenbetrieb in England anwendet.
1760 **Hargreaves** verbessert die Krempelmaschine.
1760 J. **Watt** erfindet die Schrotfabrikation mittels des „Schrotturmes".
1760 Einführung der Speisepumpe an Dampfmaschinen.

1760 Älteste bekannte Aktie, der Kgl. Handelsgesellschaft zu Barcelona, jetzt im Germanischen Museum in Nürnberg.
1760 G. Tiphaine **de la Roche** gibt in seinem Buche „Giphantie" eine eigentümliche, der Photographie nahekommende Idee an.
1760 **Freitag** erfindet in Gera die Lichteformen aus Zinn.
1760 Erfindung der Preßspahn-Pappe in England.
1760 **Kölbel** erfindet das Klapphorn.
1760 **Bouguer** begründet die Photometrie als Wissenschaft durch sein posth. Werk „Traité d'optique".
1761 Beginn des brasilianischen Kaffeebaues.
1761 **Harrison** erfindet die erste See- oder Längenuhr „time keeper" (Chronometer) nach 26 jährigen Versuchen.
1762 **Peel** erfindet die Zylinderkrempelmaschine.
1762 Errichtung des ersten Blitzableiters in England.
1762 **Wilke** konstruiert eine **Franklin**'sche Tafel, die kurz vorher der Engländer **Smeaton** erfand, von der die Beläge abnehmbar waren, so daß sie wie der 1775 erfundene Elektrophor wirkte. — (Abhandlg. der schwed. Akad., 24. S. 271, 1762.)
1762 Erster Venusdurchgang durch die Sonnenparallaxe beobachtet.
1763 Bremen führt zuerst die Goldwährung ein.
1763 James **Watt** beginnt mit der Reparatur des **Newcomen**'schen Dampfmaschinenmodelles in der Universität Glasgow seine bedeutende Wirkung im Dampfmaschinenbau.
1763 Erste Kunstausstellung, zu Paris.
1763 **Friedrich der Grofse** erwirbt die 1751 von **Gotzkowsky** gegründete heutige Kgl. Porzellanmanufaktur in Berlin.
1763 **Breisig** in Danzig baut das erste Panorama (Rundgemälde).
1764 H. v. **Knaufs** erfindet eine Schreib-(Kopier-)Maschine, die drei Briefe etc. zugleich schreibt. — (Knauß). Selbstschreibende Wundermaschine. Wien. 1780.)
1764 **Mason** und **Dixon** messen $1^1/_2$ Bogengrad zur Bestimmung der Erdabplattung mit der Meßkette.
1764 **Harrison** erhält für sein im Jahre 1761 erfundenes Chronometer den im Jahre 1714 ausgesetzten Preis, da das Instrument auf einer Reise nach Barnabas binnen 6 Wochen nur 54 Sek. abwich, dies entspricht am Äquator einer Differenz von 13′ 30″.
1764 J. **Wilson** erfindet den Baumwollensammet zu Manchester. (Manchestersammet.)
1764 J. **Watt** erfindet sein erstes Modell der Dampfmaschine, die nur durch Dampfdruck (ohne Luftdruck) arbeitet.
1765 **Grosse** in Meißen erfindet die Pumplampe.
1765 J. **Watt** erfindet den Cylindermantel, den doppelwirkenden Cylinder und den getrennten Kondensationsraum mit Luftpumpe.
1765 **Edgeworth** baut den ersten (optischen), praktischen Zwecken dienenden, Telegraphen zwischen London und Newmarket.

1765 **Franklin** erfindet die Glasharmonika.
um 1765 Die Baschkiren haben Getreidemühlen mit horizontalen Wasserrädern. — (Merkwürdigkeiten verschiedener unbekannter Völker des russischen Reiches . . . . Band 2. S. 6. 1777.)
um 1765 **Hohlfeld** erfindet einen Schrittzähler für die Tasche.
1766 **Cavendish** beschreibt zuerst das Wasserstoffgas.
1766 Erstes Patent auf den „Puddel"-Prozeß, in England von **Cranage**.
1766 Am 20. Mai wird, was lange in Vergessenheit geraten war, die erste atmosphärische Dampfmaschine Rußlands von Johann **Polsunow** mit Unterstützung der Regierung zu Barnaul in Sibirien in Betrieb gesetzt.
1767 J. **Hargreaves** erfindet eine Spinnmaschine, nach seinem Töchterchen „Spinning-jenny" genannt.
1767 In englischen Gruben werden allgemeiner Gußeisenschienen auf Holzschwellen verwendet, die das Eisenwerk Coalbrook-Dale als neues Fabrikat goß.
1768 J. **Watt** baut die erste, einfach wirkende, Dampfmaschine für die Praxis, für eine Mine zu Kenneil.
1768 Stiftung der „Fürstlich Jablonowski'schen Gesellschaft der Wissenschaften" zu Leipzig.
1768 Die erste Handelsschule wird zu Hamburg errichtet.
1768 **Wilke** fertigt die erste Inklinationskarte.
1768 **Graham** erfindet das Kompensationspendel.
1768 **Paucton** erwähnt in seinem Werke „Theorie der archimedischen Schraube" schon Doppelschraubenboote.
1768 **De Chaulnes** erfindet die erste Längenteilmaschine.
1769 Gründung der „böhmischen Gesellschaft der Wissenschaft zu Prag" durch Ignatz von **Born**.
1769 **Beccaria** gelingt es zuerst Scheiben aus Siegellack, Harz und Glas elektrisch zu laden. — (Beccaria, Experimenta, Turin 1769.)
1769 **Reimarus** errichtet den ersten Blitzableiter im heutigen Deutschland auf der Jakobikirche zu Hamburg.
1769 J. **Watt** erhält sein Patent auf die Expansionsmaschine am 25. April.
1769 K. W. **Scheele** entdeckt die Weinsteinsäure.
1769 J. G. **Gahn** entdeckt die Phosphorsäure in Knochen.
1769 **Cugnot** erbaut zu Paris den ersten Dampfstraßenwagen, den er dem Kriegsminister vorführt.
1769 J. **Vevers** baut Englands erste mechanische Kutsche, die ein hinten im Wagen befindlicher Diener durch Treten bewegte. — (London Magazine, 1769.)
1769 Vereinigung der amerikanischen gelehrten Gesellschaften von 1728 und 1744 zur American Philos. Soc. of Philadelphia.
1770 **Fürstenberger** in Basel erfindet das erste elektrische Feuerzeug.

1770	**Arkwright**, ein Friseur, erfindet die erste praktische Baumwollspinnmaschine.
1770	**Priestley** gibt die Verwendung des Kautschuk zum Radieren an (Radiergummi).
1770	J. **Wedgewood** erfindet das nach ihm benannte echte englische Steingut.
1770	Thomas **Bell** führt Zeugdruck mit vertieften gravierten Platten aus.
1770	Entdeckung des australischen Kontinents.
1770	**Edgeworth** erhält am 5. Februar in England ein Patent auf eine Straßenlokomotive mit endloser Schiene.
1770	Baumwolletüll in England.
1770	Gründung der Realakademie zu Wien, aus der das heutige Polytechnikum hervorging.
1770	Anfang der Vorlesungen der späteren „Bergakademie" zu Berlin.
1771	J. P. **Kirnberger** erfindet die nach ihm benannte ungleichschwebende Temperatur der chromatischen Tonleiter. — (Kirnberger, Kunst des reinen Satzes, 2 Bde., 1774—79.)
1771	**Rose** erfindet das nach ihm benannte leichtflüssige Metallgemisch.
1771	**Scheele** entdeckt das Fluor.
1771	**Cugnot** erbaut einen neuen Dampfstraßenwagen, der noch im Conservatoire des arts et métiers zu Paris steht.
1772	**Cook** tritt am 17. Juli die erste Südpolexpedition an, bis 1775.
1772	**Scheele** untersucht den Schwefelwasserstoff zuerst genauer und gewinnt ihn aus der Behandlung von Schwefeleisen mit verdünnter Schwefelsäure.
1772	**Wilke** setzt den Begriff der spezifischen Wärme unter Zuhilfenahme der Mischungsmethode fest.
1772	**Maskelyne** stellt am Fuße des Shehallien in Schottland, durch Versuche über die Ablenkung des Senklotes durch die Gebirgsmasse, die Dichtigkeit der Erde zu 4,56 fest.
1772	**Evans** versucht einen Dampfstraßenwagen zu bauen.
1772	**Walsh** weist am Zitterrochen dessen elektrische Wirkungen nach. — (Phil. Trans., Bd. 63, S. 461.)
1772	**Rutherford** entdeckt den Stickstoff.
1773	J. **Hunter** weist die elektrischen Organe am Zitteraal nach. — (Phil. trans., Bd. 64, S. 395, 1774.)
1773	**Scheele** findet, daß das Sonnenlicht Chlorsilber schwärzt.
1773	**Jacobi** begründet die künstliche Fischzucht.
1773	**Odier** sagt, er beschäftige sich mit gewissen Versuchen, „durch die eine Unterhaltung mit dem Kaiser von China, mit den Engländern oder mit irgend einem anderen Volke der Welt in solcher Weise möglich werde", daß man ohne Mühe alles,

was man wünsche, auf 5000 Meilen weit in weniger als einer halben Stunde seinem Korrespondenten mitteilen könne.
1773 Erste gußeiserne Brücke begonnen (s. 1779).
1773 **Cook** überfährt am 17. Januar zuerst den südlichen Polarkreis.
1774 **Priestley** entdeckt den Sauerstoff durch Erhitzung roten Quecksilberoxyds.
1774 **Scheele** entdeckt den Sauerstoff durch Behandlung des Braunsteins mit Schwefelsäure; bei der Behandlung des Braunsteins mit Salzsäure erhält er das Chlor, das Chlorgas nennt er dephlogistisierte Salzsäure; Braunstein erkennt er als Metalloxyd.
1774 **Watt** vereinigt sich mit **Bulton** zur Begründung der Maschinenfabrik Soho. (Anfang der Maschinenindustrie.)
1774 Gründung der Königlichen Bibliothek zu Berlin.
1774 **Strutt** wendet zuerst Baumwolleketten beim Weben an.
1774 **Lesage** in Genf spricht zuerst die Idee eines Kabels zur Leitung der Elektricität aus, und konstruiert den ersten elektrischen Telegraphen.
1774 In Rouen wird die heutige Herstellungsart der Schwefelsäure erfunden.
1774 **Scheele** entdeckt die Baryterde und Mangan im Braunstein.
1774 **M. Landriani** erfindet das Eudiometer.
1774 **Auxiron** versucht ein Dampfschiff auf der Seine.
1775 **A. Cumming** erhält das erste Patent auf Wasserspülaborte, in England.
1775 **Priestley** stellt zuerst Schweflige Säure (vitriolic acid air) dar, und fängt dieses Gas über Quecksilber auf, auch entdeckt er das Knallgas.
1775 **Macbridge** in Irland erfindet die Schnellgerberei.
1775 **De Luc** erfindet das erste (Elfenbein-) Hygrometer.
1775 **S. Crompton** erfindet die Mulemaschine.
1775 Ende der ersten Südpolexpedition von 1772, am 30. Juli.
1775 **Volta** führt den Elektrophor (Elettroforo perpetuo) in die Wissenschaft ein. — (Volta, Sull' elettroforo, Scelta di opusc. di Milano, 1775 u. 1776.)
1775 **Périer** erbaut ein Dampfschiff in Frankreich von 1 Pferdekraft, mit dem er auf der Seine Versuche macht.
1775 **Bergmann** unterscheidet doppelte und einfache Wahlverwandtschaft zuerst voneinander.
1775 **Mesmer** beginnt seine Heilversuche ohne mineralische Magnete, mit denen er seit 1772 Heilungen versucht hatte.
1775 Die Pariser Akademie beschließt, kein sogenanntes „Perpetuo mobile" mehr zur Prüfung anzunehmen.
1776 Die ersten genuteten gußeisernen Schienen kommen auf.
1776 **Turgot** macht den ersten Versuch in Frankreich die Zünfte aufzuheben.
1776 **Scheele** entdeckt die Oxalsäure.

1776 Marquis **Joffroy** baut ein Dampfschiff von 4.26 m Länge.
1776 **Priestley** entdeckt das Stickstoffoxydulgas.
1776 v. **Engeström** analysiert das Argentan, eine chinesische Metalllegierung.
1776 **Hatton** versucht eine Hobelmaschine für Holz in England zu konstruieren.
1776 Begründung der Portefeuillefabrikation durch **Mönch**, zu Offenbach.
1776 Erster Angriff eines Unterwasserbootes; ein von **Bushnell** konstruiertes macht einen Angriff auf die englische Fregatte „Eagle".
1776 **Higgins** macht die ersten Versuche mit der „chemischen Harmonika".
1777 **Priestley** erfindet die pneumatische Wanne.
1777 **Abich** und v. **Zimmermann** beweisen die Zusammendrückbarkeit des Wassers.
1777 **Malcagni** und **Hoefer** in Florenz entdecken in den Lagunen von Toscana die Borsäure als natürliches Produkt. — (Hoefer, Memoria sopra il sale sedativo, Firenze 1778.)
1777 **Lichtenberg** entdeckt die nach ihm benannten elektrischen Staubfiguren. — (Nov. commentar societ. Reg. Goetting., Bd. 8. 1777.)
1777 **Fontana** entdeckt das Absorptionsvermögen der Kohle.
1777 Verlegung der Universität Köln nach Bonn.
1777 Verpflanzung der Cochenillelaus nach Haity.
1777 von **Marum** sucht in seinem Werke „Über das Elektrisieren" das Nordlicht durch elektrische Strahlung zu erklären.
1777 **Achard** entdeckt die Verseifung der Fette, durch konzentrierte Schwefelsäure.
1777 Tob. **Mayer** erfindet die Dosenlibelle.
1778 **Scheele** stellt aus Gelbbleierz die Molybdänsäure dar.
1778 **Lavoisier** erkennt den Sauerstoff als etwas allen sauren Stoffen gemeinsames.
1778 **Priestley** untersucht zuerst die Absorption der Gase durch Flüssigkeiten.
1778 **Lichtenberg** führt die Zeichen $+$ und $-$ für Elektrizität ein. — (Comment. Soc. Reg. Götting. 1778. S. 69.)
1778 **Galvani** beginnt seine Versuche.
1778 **Boissier** erfindet das Kombinationsschloß.
1778 W. v. **Kempelen** erfindet seine Sprechmaschine zur mechanischen Nachahmung, der menschlichen (?) Stimme. — (Kempeler, Mechanismus der Sprache, Wien 1791.)
1778 **Smeaton** wendet die Taucherglocke zuerst zu Bauzwecken, zur Gründung des Eddistone-Leuchtturmes an.
1779 Stiftung der Universität zu Palermo.
1779 Vollendung der ersten gußeisernen Brücke, über die Saverne

nahe bei Coalbrook-Dale in England, durch **Wilkinson** und **Darnley**; begonnen 1773. Spannung 30,5 m, Breite $6^1{}_2$ m Höhe 12 m.

1779 **Scheele** entdeckt das Glyzerin und nannte es „Ölsüß".
1779 Lord Mahon **Stanhope** entdeckt den elektrischen Rückschlag.
1779 **Banchard & Mesurier** bauen das erste Tandem-ähnliche Fahrrad.
1779 **Diderot** erwähnt in einem Briefe an Sophie **Volland** die günstige Wirkung durchlochter Segel beim Sturm.
1780 J. **Watt** erfindet die plastische Kopiermaschine und erhält ein Patent auf seine Kopierpresse am 14. Februar..
1780 Gründung der American Academy of arts and sciences, Boston.
1780 **Ehrmann** erfindet eine Lampe mit elektrischer Zündung.
1780 Kalorimeter von **Lavoisier** und **Laplace** zur Bestimmung der spezifischen Wärme erfunden.
1780 **Scheele** entdeckt die Milchsäure.
1780 **Achard** stellt zuerst Runkelrübenzucker dar.
1780 **Thield** verarbeitet Lederabfälle zu Papier.
1780 **Gervinus** erfindet die Kreissägen.
1780 **Charles** nimmt die ersten menschlichen Bildnisse (Silhouetten) durch Photographie auf.
1781 **Herschel** entdeckt den Uranus am 13. März.
1781 **Atwood** erfindet die Fallmaschine.
1781 **Cavallo** macht den ersten Versuch zu einem Luftballon mit Wasserstoffgas.
1781 **Hornblower** erhält ein Patent auf eine zweizylindrige Expansionsmaschine.
1781 **Scheele** entdeckt im Tungstein die Wolframsäure.
1781 **Lavoisier** und **Meusnier** gewinnen Wasserstoffgas durch Zersetzung von Wasserdampf.
1781 Die ersten Regenschirme kommen nach England.
1781 **Shrapnel** erfindet das nach ihm benannte Geschoß.
1782 Errichtung von Sonntagsschulen für gewerbliche Lehrlinge, in England.
1782 **Scheele** entdeckt die Cyanwasserstoffsäure (Blausäure).
1782 Erste doppelwirkende Dampfmaschine von **Watt** erfunden.
1782 **Hjelm** entdeckt das Molybdän, aus der 1778 entdeckten Molybdänsäure.
1782 Die Gebrüder **Montgolfier** erfinden den nach ihnen benannten Luftballon.
1782 **Linguet** hofft durch sein Manuskript: „Mémoire pour le département de la Marine, sur les moyens d'établir des signaux par la lumière", eine Arbeit über Telegraphen, seine Freiheit aus der Bastille zu erhalten.
1782 E. M. **Gauthey** legt der Pariser Akademie zwei akustische Telegraphenprojekte am 15. Juni vor.

1782 **Müller von Reichenstein** entdeckt ein Metall, das 1792 von **Klaproth** „Tellur" genannt wurde.
1782 **Wedgewood** erfindet das Thonpyrometer (Phil. Trans. V. 72. S. 305).
1782 In Holstein wird die Kuhpockenimpfung schon angewendet.
1783 **Argand** erfindet den hohlen cylindrischen Docht.
1783 **Leger** erfindet den Flachdocht.
1783 **Cort** erfindet die Puddlingsfrischerei.
1783 Die Gebrüder **d'Elhuyar** stellen Wolfram aus Wolframsäure dar.
1783 **Sausure** erfindet das Haarhygrometer.
1783 Die Brüder **Montgolfier** erfinden das Velinpapier und lassen am 5. Juni ihren ersten Luftballon zu Annonay steigen.
1783 **Gengembre** entdeckt den Phosphorwasserstoff.
1783 Marquis **Joffroy** fährt mit einem 45.7 m langen Dampfschiff am 15. Juli kurze Zeit auf der Rhône gegen den Strom.
1783 **Charles** läßt am 28. August den ersten mit Wasserstoffgas gefüllten Luftballon aufsteigen.
1783 Am 19. September läßt **Montgolfier** vor dem König einen Luftballon mit 3 Tieren aufsteigen.
1783 **Pilâtre de Rozier** und d'**Arlande** steigen am 21. Oktober zuerst mit einem Ballon von **Charles** auf.
1783 **Volta** erfindet den elektrischen Kondensator. (Phil. Trans. Bd. 72. T. 1. S. 237.)
1783 **Lavoisier** zerlegt Wasser in Wasserstoff und Sauerstoff.
1783 Cylindersengmaschine erfunden.
1783 **Hofmann** in Straßburg wendet die Cliché-Druckerei auf Zeug an.
1783 Th. **Bell** erfindet den Rouleaudruck für Zeug, mit Bronzewalzen.
1783 **Le Normand** läßt sich mit 2 Regenschirmen, als Fallschirme, am 26. November von seinem Hause herab.
1783 **Withering** entdeckt den kohlensauren Baryt.
1784 **Lavoisier** beginnt seine Versuche über die organischen Verbindungen.
1784 **Scheele** stellt die Zitronensäure dar.
1784 **Watt** erfindet die Dampfmaschine mit Kurbel ohne Balancier; den Regulator und das Parallelogramm erfindet er auch in in diesem Jahr; auch erhält er ein unausgeführt gebliebenes Patent auf eine Straßenlokomotive, und auf den Dampfhammer eines am 25. April.
1784 Universität Lemberg gegründet.
1784 Errichtung des ersten Blitzableiters in Frankreich.
1784 **Bramah** erfindet das nach ihm benannte Schloß.
1784 **Haüy** stellt das System der Kristallbildung auf in: Essai d'une théorie sur la structure des cristaux.

1784 J. **Cook** erfindet eine Säemaschine.
1784 **Le Normand** schlägt der Lyoner Akademie einen einzelnen Schirm als Fallschirm vor.
1785 Letzte Hexenverbrennung, im Kanton Glarus (Schweiz).
1785 **Berthollet** erfindet das Bleichen mit Chlor.
1785 **Bergsträsser** schlägt eine optisch (-telegraphische) Post zwischen Hamburg und Leipzig vor.
1785 **Coulomb** erfindet die Drehwage.
1785 **Lowitz** entdeckt die reinigende und entfärbende Kraft der Kohle.
1785 **Bramah** erhält ein Patent auf seinen „Schiffspropeller".
1785 **Symington** versucht einen Dampfstraßenwagen auf schottischen Landstraßen.
1785 A. **Meikle** in Schottland erfindet die erste brauchbare Dreschmaschine.
1785 Erste Luftreise in bestimmter Richtung: **Blanchard** fährt am 7. Januar mit einem Ballon von Dover nach Calais.
1785 **Pilâtre de Rozier** und **Romain** sind die ersten Todesopfer der Luftschiffahrt bei einem Aufstieg am 13. Juni.
1785 In Deutschland gelangt die erste Dampfmaschine auf dem Wilhelmschacht bei Hettstädt am 25. August zur Aufstellung.
1786 Eröffnung der Universität zu Bonn.
1786 **Lebon** bereitet Leuchtgas aus Holz.
1786 **Pickel** beleuchtet versuchsweise sein Laboratorium in Würzburg mit Gas aus Knochenfett.
1786 Lord **Dundonald** versucht eine Gasbeleuchtung mittels der Abgase bei der Koksgewinnung.
1786 Samuel **Tayor** erfindet eine Kurzschrift, die einige Verbreitung erlangt.
1786 de **Luc** erfindet das Fischbeinhygrometer.
1786 **Berthollet** entdeckt das chlorsaure Kali.
1786 **Klaproth** entdeckt das Uran in der Pechblende.
1786 **Röllig** erfindet die Glasharmonika mit Tasten.
1786 **Franklin** weist auf die sogenannte photographische Blitzwirkung, ein weder erklärtes, noch genügend widerlegtes Phänomen, hin.
1786 **Borda** gibt das astronomische Theodolit an.
1787 **Lomond** macht den ersten Versuch eines eindrähtigen elektrischen Telegraphen.
1787 Erstes englisches Musterschutzgesetz.
1787 Sodagewinnung aus Kochsalz von **Leblanc** erfunden.
1787 P. **Miller** fährt mit einem durch Handhaspel bewegten Ruderradboot auf dem Firth of Forth und am 14. Oktober 1788 auf dem See von Dalswinton mit einem 2 pferdigen Dampfboot.
1787 **Fitch** versucht einen Dampfer am 22. August.
1787 **Rumsey** macht die erste Fahrt mit einem Reaktionsdampfer.

1787 **Cartwright** erfindet den mechanischen Webstuhl.
1787 **Chladni** entdeckt die Klangfiguren (C h l a d n i, Entdeckungen über die Theorie des Klanges, Leipzig 1787) und versucht die Schallgeschwindigkeit in festen Körpern zu bestimmen.
1787 **Nicholson** erfindet die nach ihm benannte Senkwage.
1787 **Murdoch** baut einen Dampfwagen, der noch im South Kensington Museum in London steht.
1787 **de Cessart** schlägt zuerst Weg- und Straßenwalzen und zwar aus Eisen vor.
1787 In England werden die ersten eisernen Boote gebaut.
1788 Abbé **Barthelémy** versucht einen magnetischen Telegraphen nach der Idee Porta's.
1788 **Herschel** baut sein großes 40-füßiges Teleskop.
1788 **Wilberforce** agitiert gegen die Sklaverei.
1788 In Preußen gelangt die erste Dampfmaschine in Tarnowitz zur Aufstellung.
1788 Bieraräometer von **Richardson**.
1788 **Kienmeyer** erfindet das nach ihm benannte Amalgam für Elektrisiermaschinen.
1788 Die Guitarre wird in Deutschland bekannt.
1788 **Hausmann** gewinnt die Pikrinsäure aus Indigo.
1789 Die 1574 vollendete Uhr im Münster zu Straßburg hört auf zu gehen.
1789 Aufhebung der Leibeigenschaft in Frankreich.
1789 Paets van **Trootswyk** und **Deimann** entdeckten die Zersetzbarkeit des Wassers durch statische Elektizität. — (G r e n , Journal, 1790, Bd. 2. S. 130.)
1789 **Klaproth** entdeckt das Zirkonium.
1789 **Lavoisier** begründet das antiphlogistische System in der Chemie.
1789 Am 6. Mai berichtet **Bonnai** auf Antrag mehrerer Städte über ein einheitliches französisches Maßsystem, am 8. beschließt die konstituierende Versammlung ein internationales auf der Länge des Sekundenpendels beruhendes Maß mit England durchzuführen.
1789 Einführung der Georgine von Mexiko nach Europa, Madrid.
1789 **Guillotin** schlägt in Paris am 10. Oktober die Anwendung einer Maschine zur Einheitlichung Vollziehung der Todesstrafe für alle Stände vor; durch ein Spottgedicht in Nr. 10 des „Journal des Actes des Apôtres" erhielten solche Maschinen den Namen Guillotinen.
1790 Nathan **Read** konstruiert einen Dampfstraßenwagen.
1790 J. **Schnell** erfindet das Anemochord.
1790 **Quinquard** erfindet die Lampen mit Glascylinder.
1790 Nähmaschine von Th. **Saint**.
1790 Erstes amerikanisches Patentgesetz vom 10. April.
1790 Erstes Passagierdampfboot von **Fitch**.

1790 William **Nicholson** konstruiert die erste, aber unvollkommene Buchdruckschnellpresse.
1790 Aloisio **Galvani** entdeckt am 6. November die Berührungselektrizität. 1796 von **Volta** „Galvanismus" benannt, als deren Ursache er aber eine den Tieren eigne Elektrizität annimmt. — (Galvani, de viribus electricis in motu musculari, Bologna, 1791.)
1790 **Woltmann** erfindet den hydrometrischen Flügel zur Geschwindigkeitsmessung des Wassers oder der Luft.
1790 Erste Maschine zur Nagelfabrikation von **Perkins** in England erfunden.
1790 Glasharmonika mit Glasröhren von **Chladny** und Glasstäben von **Quandt** erfunden.
1791 **Gregor** entdeckt das Titan im Titaneisen.
1791 Der Schwede **Hogström** schlägt zuerst eine Dampfeisenbahn mit zwei glatten und einer Zahnschiene vor.
1791 Erstes französisches Patentgesetz vom 7. Januar.
1791 Die Nationalversammlung genehmigt die Meridianmessung zur Maßregulierung, am 26. März.
1791 Aufhebung der Zünfte in Frankreich.
1791 Erstes deutsches Patentgesetz, in Bayern.
1791 Claude **Chappe** läßt sich die Erfindung eines optischen Telegraphen am 2. März beglaubigen.
1791 Erste deutsche Landesausstellung, in Prag.
1791 J. **Barber** nimmt ein Patent auf den ersten Gasmotor, bei dem ein Strahl brennenden Gases gegen ein Schaufelrad strömt.
1791 **Bentham** konstruiert eine Holzhobelmaschine.
1791 **Peal** erfindet das Wasserdichtmachen von Stoffen durch Kautschuklösung.
1791 de **Sivrac** baut eine Laufmaschine, „célérifère" genannt, ein Holzpferd auf 2 Rädern, ohne Lenkvorrichtung.
1792 **Volta** gibt erst die richtige Erklärung der von **Galvani** 1790 entdeckten Elektrizität, eine Erklärung, die kurz vorher **Reil** in Halle vermutet hatte.
1792 **Chappe** legt dem Nationalkonvent seinen optischen Telegraphen am 22. März vor.
1792 **Hufeland** errichtet das erste Leichenhaus, zu Weimar.
1792 **Murdoch** versucht zuerst die Leuchtgasdarstellung aus Steinkohle im großen und beleuchtet Haus und Werkstätte in Cornwall damit.
1792 **Young** erklärt das Akkommodationsvermögen des Auges richtig.
1792 Französische Erdmessung zur Bestimmung des „Meters" begonnen.
1792 Anfang der Ära der französischen Republik am 22. September.
1792 Erste Hinrichtung mit dem in Frankreich nun allgemein eingeführten Fallbeil am 25. April. (Guillotine.)

1793 **Hope** und **Klaproth** entdecken in einem Mineral die nach dem Fundorte benannte Strontian-Erde.
1793 **Cartwright** und **Hawksley** erfinden die Kammwollspinnmaschine.
1793 Letzte Hexenverbrennung in Europa, im Großherzogtum Posen.
1793 **Deyeux** unterscheidet den Gerbstoff (oder das Tannin) als einen besonderen Körper.
1793 **Chappe** macht den ersten optischen Telegraphenversuch vor einer Kommission zwischen Ménil-Montant und St. Martin du Thertre, einer Strecke von 70 km, auf der er in 11 Minuten am 12. April die Telegramme wechselt: „Dannou ist hier angekommen, er kündigt an, daß der Nationalkonvent seinen Sicherheitsausschuß autorisiert hat, die Papiere der Deputation zu versiegeln." Antwort: „Die Bewohner dieser reizenden Gegend machen sich durch ihre Achtung gegen den Nationalkonvent und dessen Gesetze der Freiheit würdig."
Auf den am 25. Juli erstatteten günstigen Bericht dieses Versuches hin, wird am 4. August die sofortige Errichtung der Linie Paris-Lille = 225 km beschlossen, die Ende 1794 vollendet war.
1793 **Bentham** nimmt das erste Patent, auf eine Dampfsägemaschine, in England.
1793 **Barker** zeigt das erste Panorama in England.
1793 E. **Whitney** erfindet die Egreniermaschine zum Entfernen des Samens von der Baumwolle.
1793 **Leblanc** stellt Soda aus Kochsalz her.
1793 In Frankreich wird ein provisorisches Längenmaß, das man „Meter" nannte, eingeführt.
1793 Aufhebung der „Academie française" und der „Ac. des sciences" zu Paris am 8. August.
1793 Einführung der Ära der französischen Republik am 6. Oktober.
1794 Erster Zoologischer Garten zu wissenschaftlichen Zwecken, der „Jardin des plantes" in Paris gegründet.
1794 Erste Militärluftschiffertruppe „Aérostiers" in Frankreich gegründet; erste Anwendung im Felde in der Schlacht bei Fleurus am 26. Juni.
1794 „Ecole Polytechnique" gegründet zu Paris.
1794 Eröffnung der ersten dauernden optischen Telegraphenlinie, mit 22 Stationen zwischen Lille und Paris, durch die Übermittlung der Nachricht von der Wiedereinnahme von Condé sur l'Escaut am 29. August in 20 Minuten.
1794 **Wilkinson** baut bei **Watt** den ersten Kupolofen.
1794 **Galodin** entdeckt die Yttererde.
1794 **Rutherford** erfindet den Thermometrograph. — (Edinb. Trans. Vol. 3, 1794.)
1794 **Böckmann** gibt mit seinem Telegraphen das 1. Telegramm

in Deutschland, ein Gratulationstelegramm an den Markgrafen Karl Friedrich von Baden, am 22. November.
1794 J. Cook erfindet eine Häckselschneidemaschine, zum Futterschneiden, worauf er in England am 8. Februar ein Patent erhält.
1794 Rumford erfindet das erste Photometer.
1794 Erste größere eiserne Brücke des Festlandes, die von Laasan in Schlesien.
1794 R. Street nimmt das erste Patent auf einem Kolben-Gasmotor mit Flammzündung, für Teeröl und Terpentin.
1794 Lempe schlägt zuerst den Sauerstoff zur Verbesserung der Grubenluft vor.
1795 Das Pariser Direktorium begründet die 1793 aufgehobenen Gesellschaften am 25. Oktober unter dem gemeinsamen Namen: „Institut national des sciences et des arts" mit 3 Klassen.
1795 Deimann entdeckt das Äthylen.
1795 Conté erfindet eine Bleistiftmasse aus Graphit und Thon.
1795 Oliver Evans erfindet die Hochdruckdampfmaschine.
1795 Erster optischer Telegraph in Schweden.
1795 Cavallo versucht einen elektrischen Funkentelegraph.
1795 Erfindung der Schlag- oder Flackmaschine für die Baumwollindustrie.
1795 J. Bramah erfindet die hydraulische Presse, auf die er am 30. April ein Patent erhält.
1795 François Tourta erfindet den heutigen Violinbogen.
1795 Einführung der Buchdruckerei in Australien.
1796 Volta braucht die Bezeichnung „Galvanismus" zuerst; Gren, Neues Journal III. 1796.
1796 Englands erste optische Telegraphenlinie von London nach Dover, nach dem System Murrey.
1796 Parker, Wyatt & Cie. erfinden den Romanzement.
1796 A. v. Sennefelder erfindet die Lithographie.
1796 Zu Gleiwitz wird der erste Hochofen Deutschlands in Betrieb genommen.
1796 J. Montgolfier erfindet den hydraulischen Widder.
1796 Dr. Salva in Madrid versucht einen elektrischen Telegraphen mit Funkenzeichen am 25. November.
1796 Lampadius entdeckt den Schwefelkohlenstoff zu Freiberg in Sachsen.
1796 Dr. Blair erfindet Fernrohre die ohne Farbenzerstreuung und ohne spärische Abweichung arbeiten; er nennt sie „aplanatische".
1796 Vauquelin und Hecht zu Paris stellen aus der Titanerde metallisches Titan dar.
1796 Bramah konstruiert einen hydraulischen Telegraphen. (Siehe 340 v. Chr.)
1796 Jenner führt die Kuhpockenimpfung ein; erste Impfung am 14. Mai.

1796 **Mügling** erfindet die Flachseile.
1797 **Fulton** erfindet die Unterwasserminen, die er nach dem elektrischen Fisch „Torpedos" nennt.
1797 **Vauquelin** entdeckt das Chrom im sibirischen Rotbleierz, und die Beryllerde.
1797 **Cavendish** bestimmt die Dichte der Erde.
1797 **Olbers** Methode zur Berechnung eines Kometen.
1797 **Venturi** veröffentlicht endlich die Werke von Leonardo da Vinci. (Siehe 1500.)
1797 **Garnerin** läßt sich in Paris am 22. Oktober zuerst mit dem Fallschirm von einem Luftballon aus herab.
1797 **Perrier** erfindet das hydraulische Prägewerk.
1797 **Maudsley** erfindet die Supportdrehbank.
1798 **Klaproth** untersucht die Eigenschaften des von **Müller** von Reichenstein 1782 entdeckten Metalles und nennt es Tellur.
1798 **Benzenberg** und **Brandes** beobachten Sternschnuppen.
1798 **Kels** wendet zuerst Kohle zum Entfärben des Zuckersyrups an.
1798 **Chappe's** zweite optische Telegraphenlinie von Paris nach Straßburg.
1798 Deutschlands erste optische Telegraphenlinie von Frankfurt am Main nach Berlin.
1798 Die erste Pariser Ausstellung, zugleich die erste französische Landesausstellung.
1798 **Varley** macht auf die Abweichung der Seechronometer durch Magnetismus aufmerksam.
1798 **Betancourt** versucht einen elektrischen Telegraphen zwischen Madrid und Aranjuez auf eine Entfernung von 60 Kilometer.
1798 **Mac Intosh** erfindet das Chlorkalkbleichpulver.
1798 Universität Mainz wird aufgehoben.
1798 **Napoleon** führt die Buchdruckerei in Afrika (Cairo) ein; er läßt auch durch **Lepère** Vermessungen zum Suezkanal machen.
1798 **Bauer** in Nürnberg baut eine Art Kaleidoskop.
1799 **Laplace** veröffentlicht sein bedeutendes Werk „Mécanique céleste" in 5 Bänden, darin er auch die erste Theorie der Kapillarität gibt.
1799 Auffindung der für die Entzifferung der Hieroglyphen so wichtigen Inschrift zu Rosette in Unterägypten.
1799 Gründung der Bauakademie zu Berlin, der Anfang des heutigen Polytechnikums zu Charlottenburg (siehe 1821).
1799 Der Franzose **le Bon** nimmt das erste Patent auf die Steinkohlengasdarstellung.
1799 **Robert** in Esonne erfindet die erste brauchbare Papiermaschine für endloses Papier.
1799 Ch. **Tennant** erfindet die nasse Chlorkalkfabrikation.
1799 **Murray** erfindet den D-förmigen Schieber an Dampfmaschinen.

1799 Gesetzliche Einführung des jetzigen „Meter"-Maßes zu Paris, am 10. Dezember.
1799 **Jacquard** erfindet die erste Hilfsmaschine zum Musterweben, seine Latzenzugmaschine.
1799 Joseph **Boyce** erhält in England das erste Patent auf eine Mähmaschine.
1799 **Chladni** erfindet die Klavicylinderharmonika.
1799 Erste Idee eines Themsetunnels.
1799 A. v. **Humboldt** erfindet die Reibzündhölzer, indem er vorschlägt, eine Kapsel mit zusammengeschmolzenem Phosphor und Kampfer mitzuführen „denn sobald sie mit einem Schwefelhölzchen gerieben wird, wird sich dieses sehr schnell entzünden."
1799 Colonel **Stevens** baut ein 15 Meter langes Boot „Phönix" mit einer Doppelschraubendampfmaschine von 1,8 Atmosphäre. Die Maschine steht im Stevens-Institut zu Hoboken.
1800 **Young** entdeckt die Interferenz des Lichts (Young, On the theorie of light and colours, Phil. Trans. 1802).
1800 **Volta** veröffentlicht in einem Briefe an Sir **Banks**, Präsidenten der Roy. Soc. in London, am 20. März die Erfindung der später nach ihm benannten Säule. (Phil. Transact. 1800, S. 403.)
1800 Verlegung der Universität Ingolstadt nach Landshut.
1800 **Carlisle** und **Nicholson** zersetzten zuerst Wasser durch Berührungselektrizität (Galvanolyse), am 2. Mai. (Nicholson's Journal of natural philosophy. Bd. 4, S. 179.)
1800 **Carlisle** entdeckt die Verfärbung von Lakmuspapier durch den elektrischen Strom. am 6. Mai. (Gilb. Annal. VI, S. 340.)
1800 **Carcel** erfindet die nach ihm benannte Uhrwerkspumplampe.
1800 **Robertson** erfindet das erste (elektrolytische) Galvanometer, das er am 18. Sept. im Journal de Paris bekannt machte. (An VIII. No. 362.)
1800 **Howard** entdeckt das Knallquecksilber.
1800 Erste Blechwalzwerke in England.
1800 Graf **Mousson-Puschkin** entdeckt das Chromalaun.
1800 Lord **Stanhope** erfindet die nach ihm benannte Buchdruckerpresse aus Eisen.
1800 Einführung der Chlorbleiche in die Papierfabrikation.
1800 **Barker** zeigt sein Panorama in Deutschland.
1800 Attentat mittelst Höllenmaschine auf Napoleon **Bonaparte** am 24. Dezember.
1801 **Piazzi** zu Palermo entdeckt den ersten Planetoïden „Ceres" am 1. Januar.
1801 **Achard** baut zu Kunern die erste Rübenzuckerfabrik.
1801 **Rose** entdeckt das doppelkohlensaure Natron.
1801 **Symington** baut die erste 10 pferdige Dampfmaschine mit

liegendem Zylinder in den Heckraddampfer „Charlotte Dundas"
ein; Länge 14 m, erster Dampfer der Praxis.
1801 Aufhebung der Universität Bonn bis 1818.
1801 **Volta** liest am 7. Nov. dem Nationalinstitut zu Paris seine Entdeckungen über Galvanismus vor und veröffentlicht hier und am 21. seine „Spannungsreihe". (Gilb., Annal., X. 436.)
1801 **Ritter** begründet die Photochemie; er entdeckt die Wirkung der ultravioletten Strahlen im Sonnenspektrum.
1801 **Herschel** entdeckt, daß die Wärmewirkung des Spektrums über das Rot hinausreicht (ultrarote Strahlen); auch zeigt er zuerst die Brechung der Wärmestrahlen.
1801 **Lebon** nimmt ein Patent auf einen Gasmotor, den ersten mit elektrischer Zündung.
1801 **Fulton's** Unterwasserboot bleibt am 17. August 5 Stunden unter Wasser.
1802 Eröffnung der ersten Zuckerfabrik Deutschlands zu Kunern, im März.
1802 **Brugnatelli** entdeckt das Knallsilber.
1802 **Olbers** in Bremen entdeckt am 28. März den 2. Planetoïden, „Pallas".
1802 **Ekeberg** zu Upsala entdeckt das Tantal.
1802 **Benzenberg's** Fallversuche im Turme der Michaeliskirche zu Hamburg und im Schachte zu Schlebusch, zum Nachweis der Drehung der Erde.
1802 **Hellwig**, **Tihavsky** und **Leyteny** in Wien konstruieren die erste galvanische Zink-Kohle-Batterie. (Gilb., Annal., XI, 396.)
1802 **Wedgewood** und **Davy** erhalten eine Art photographischer Schattenbilder, die jedoch noch nicht fixierbar sind.
1802 **Robertson** bemerkt zuerst leuchtende Funken zwischen zwei Kohlen; erster Versuch elektrischen Bogenlichtes. (Journal de Paris, 22. ventôse an X., 12. März 1802.)
1802 **Romagnosi** aus Trient veröffentlicht im „Giornale die Trento" einen Artikel nach dem **Configliachi** ihn zum Entdecker des Elektromagnetismus machen wollte. (Widerlegt in Erlemeier's & Levinstein's Kritische Zeitschrift für Chemie, Band 2, 1859, S. 242.)
1802 **Murdoch** beleuchtet Watt's Fabrik in Soho, anlässig des Friedens von Amiens am 27. März, festlich mit zwei Gassonnen.
1802 Oliver **Evans** baut die erste Hochdruckdampfmaschine.
1802 Universität Duisburg aufgehoben.
1802 Universität Dorpat neu gestiftet am 12. Dezember.
1802 **Trevithick** erhält am 26. März ein Patent auf einen Dampfstraßenwagen, mit dem er am 24. Dez. 1801 mit 7 Personen die Probefahrt gemacht hatte.
1802 **Wollaston** findet dunkle Streifen im Spektrum und entdeckt,

daß die chemischen Wirkungen des Spektrums sich über das Violett hinaus ausdehnen.

1802 **Bramah** verbessert die Holzhobelmaschine.
1802 Der erste Guano wird nach Europa gebracht.
1802 **Matthieu** legt das erste Projekt eines Tunnels zwischen England und Frankreich Bonaparte vor.
1802 **Frochot** legt in Paris die ersten Trottoirs an.
1802 **Jaquard** erfindet eine Maschine zum Stricken von Fischnetzen.
1802 **Dalton** veröffentlicht das nach ihm benannte Gesetz über die Expansivkraft der Dämpfe und Gasgemische. — (Gilb., Annal., XVI.)
1803 **Tennant** zu Cambridge entdeckt das Osmium und das Iridium.
1803 **Basse** in Hameln beweist die elektrische Leitungsfähigkeit des Erdreiches. (Gilb., Annal., XIV, 26.)
1803 **Farey** in England errichtet die erste Streichwollspinnerei.
1803 **Wollaston** entdeckt das Pallium und das Rhodium.
1803 Mäßigkeitsvereine kommen in Amerika auf.
1803 Die Maschinenfabrik von **Boulton** und **Watt** erhält die erste Gasbeleuchtungsanlage der Praxis.
1803 **Fulton** beginnt seine Dampfschiffsversuche.
1803 **Stevens** in New York erfindet den Wasserröhrenkessel.
1803 **Wise** in England fabriziert zuerst Stahlschreibfedern.
1803 **Tennant** entdeckt das Osmium.
1803 Errichtung der ersten eisernen Brücke Frankreichs, die Louvre-Brücke zu Paris.
1804 **Fellenberg** gründet die erste Ackerbauschule zu Hofwyl.
1804 G. v. **Reichenbach** erfindet die erste Hobelmaschine für Metalle und gründet zu München eine bedeutende mechanische Werkstätte.
1804 **Congrève**, ein Engländer, erfindet die nach ihm benannten Raketen, die zuerst gegen Boulogne angewandt werden.
1804 **Dalton** entdeckt das Gesetz der multiplen Proportionen in der Chemie.
1804 **Gay-Lussac** erreicht auf einer wissenschaftlichen Luftschifffahrt am 20. Aug. die Höhe von 7000 Meter.
1804 **Harding** entdeckt den dritten Planetoiden „Juno".
1804 A. **Woolf** baut die erste zweizylindrige Expansionsdampfmaschine.
1804 **Duncan** in England nimmt ein Patent auf eine Nähmaschine, (Tambourriermaschine.)
1804 Nähmaschine von **Stone** und **Henderson**.
1804 **Leslie** erfindet das Differentialthermometer.
1804 **Brand** in England erfindet den ganz aus Eisen konstruierten Pflug.
1804 **Trevithick** setzt die erste Dampflokomotive auf Schienen zum Eisentransport zwischen Merthyr und Tidvil in Tätigkeit.
1804 **Evans** in Philadelphia fährt mit seinem Dampfstraßenwagen

(s. 1772) „im Angesicht von wenigstens 20000 Zuschauern durch die Stadt".
1804 **Appert** erfindet die Konservierung von Speisen.
1805 Gründung der Universität Genua.
1805 **Hentzen**, Landwirt zu Osterholz, erkennt zuerst die Natur der Fulguriten in der Senne bei Paderborn.
1805 **Sertürner** entdeckt das Morphium.
1805 v. **Grothuss** gibt zu Rom die erste richtige Erklärung der galvanischen Wasserzersetzung.
1805 **Brugnatelli** erfindet die galvanische Vergoldung, die ihm aber nur auf Silber gelingt. (Phil. Magaz., XXI. 187.)
1805 **Bramah** erfindet die erste Maschine zur Herstellung endlosen Papieres (Maschinenpapier.)
1805 A. v. **Humboldt** und **Gay-Lussac** finden, daß Wasser aus genau einem Teil Sauerstoff und zwei Teilen Wasserstoff besteht.
1805 J. **Burton** erfindet eine mit gravierten Walzen endlos arbeitende Zeugdruckmaschine, die „Plombine".
1805 **Jacquard** vollendet nach langen Mühen den nach ihm benannten Musterwebestuhl.
1805 **Stevens** versucht einen Dampfer mit 2 Schrauben.
1805 **Chancel** in Paris erfindet die Tauchzündhölzchen.
1805 **Hartop** erfindet die Luppenquetschmaschine.
1806 Abschaffung der Ära der französischen Republik mit dem 1. Januar.
1806 **Regnier** erfindet ein Dynamometer.
1806 Erste deutsche technische Hochschule durch F. v. **Gerstner** zu Prag gegründet.
1806 Aufhebung der Universität Halle am 19. Oktober, bis 1813.
1806 **Méchain's** und **Delambre's** wissenschaftliche Grundzüge des metrischen Systems, in „Base du système métrique."
1806 **Fulton** beginnt den Bau seines ersten Dampfbootes.
1806 **Brunel** nimmt am 22. März das erste Patent auf eine Maschine zur Herstellung von dünnen Fourierhölzern.
1806 Anfänge der Holzschraubenschneidemaschinen.
1806 **Real** erfindet die hydrostatische Extraktionspresse.
1806 Das 1795 reorganisierte Institut nimmt den Namen „Institut de France" an.
1806 Erster gußeiserner Schienenstrang des Kontinents zwischen Dorotheen-Halde und der Dorotheen-Erzwäsche bei Clausthal i. Harz.
1806 A. **Thaer** gründet das erste deutsche landwirtschaftliche Lehrinstitut zu Möglin.
1807 **Fulton** macht am 7. Oktober den ersten Dampfschiffversuch von Bedeutung mit dem 160 t fassenden Schiff „Clermont", daß zwischen New-York und Albany am nächsten Tag den Passagierdienst übernimmt.

1807	**Davy** entdeckt Kalium und Natrium aus Kali und Natron durch Elektrolyse.
1807	**Olbers** entdeckt am 29. März den vierten Planetoiden „Vesta".
1807	**Forsythe** erfindet das Perkussionsschloß.
1807	**Rivay** baut ein Automobil.
1808	**Sömmering** versucht mit Kabeln unter Wasser zu zünden.
1808	**Davy** entdeckt durch die Elektrolyse das Barium im Barit, das Calcium in der Kalkerde, das Magnesium in der Magnesiaerde, das Strontium in der Strontianerde.
1808	**Gay-Lussac** und **Thénard**, sowie gleichzeitig **Davy**, entdecken das amorphe Bor durch zerlegen der Borsäure.
1808	**Seebeck** entdeckt das Ammonium-Amalgam.
1808	Erster Versuch zur Straßenbeleuchtung mit Gas durch einige von **Winsor** (al. W i n t z e r) errichtete Laternen.
1808	**Brunel** erhält am 14. September ein Patent auf die Fournierholzkreissäge, baut das erste Dampfsägewerk zu Woolwich und benutzt dort zuerst Transmissionsriemen.
1808	Wächterkontrolenuhren kommen in England auf.
1809	**Thénard** und **Gay-Lussac** finden, daß Chlor ein einfacher Körper sei.
1809	**Davy** entdeckt die Zusammensetzung der Salzsäure aus Chlor und Wasserstoff.
1809	**Heathcoat** erfindet die Bobinet- oder Spitzentüllmaschine.
1809	**Wollaston** erfindet die Camera lucida.
1809	Erste befahrbare Kettenbrücke in Massachusetts über den Merrimack; Länge 68 m in einer Spannung.
1809	Erster fehlgeschlagener Versuch zur Bildung einer Gasbeleuchtungsgesellschaft für London.
1809	**Sömmering** erfindet den elektrochemischen Telegraphen am 7. Juli zu München, den er am 26. August der Münchener Akademie und 5. Dez. dem Pariser Nationalinstitut vorlegte.
1809	Stiftung der Universität Berlin am 10. August.
1809	**Eckardt** erfindet den Zentrifugalguß.
1809	Vereinigung der Universitäten Rinteln und Helmstädt mit Göttingen am 10. Dez.
1809	Gänzliche Aufhebung der Leibeigenschaft in Preußen.
1809	**Dickinson** erfindet der Zylindermaschine in der Papierfabrikation.
1809	**Reufs** beobachtet zuerst die Elektroendosmose.
1809	Französisches Unterseeboot System **Coëffin** erbaut.
1809	**Reichenbach** zu München regt wieder gezogene Geschütze an.
1810	**Grenié** erfindet das Harmonium.
1810	Erstes österreichisches Patentgesetz vom 16. Januar.
1810	**Davy** versucht Aluminium herzustellen, doch ohne nennenswerten Erfolg.
1810	**Dollfufs** erfindet den Dampffarbendruck.
1810	**König** erfindet die flache Buchdruckschnellpresse.

1810	**Napoleon** setzt am 7. Mai einen Preis von 1 Million Francs für die Erfindung der Flachsspinnmaschine aus.
1810	Eröffnung der Universität Berlin am 10. Oktober.
1810	Chemischer Telegraph von **Coxe**.
1810	**Wollastone** untersucht die Endosmose genau und wendet sie auf den tierischen Organismus an.
1810	**Malus** entdeckt die Polarisation des Lichtes durch Reflexion und Brechung.
1810	**Pratt** in England erhält das erste Patent auf einen Dampfpflug.
1810	W. v. **Goethe** gibt in seinem Werke „zur Farbenlehre" die richtige Erklärung der blauen Himmelsfarbe.
1810	Das Parlament bestätigt die erste Gasbeleuchtungsgesellschaft für London.
1810	**Trevithick** regt den Bau eiserner Schiffe wieder an.
1811	Erstes Maschinenpapier in England.
1811	**Lampadius** macht in Deutschland den ersten öffentlichen Gasbeleuchtungsversuch, zu Freiberg i. S.
1811	Erstes Dampfschiff in England der „Comet" umschifft das Land.
1811	**Blenkinsop** läßt sich am 16. Mai Zahnschiene und Zahnrad für Eisenbahnen patentieren.
1811	**Tralles** gibt sein Alkoholometer an.
1811	Vereinigung der Universitäten Frankfurt a. d. Oder und Breslau am 3. August.
1811	Vegetarianer treten in London auf.
1811	**Kirchhoff** bereitet Traubenzucker aus Stärkemehl.
1811	**Courtois** in Paris entdeckt das Jod im Kelp.
1811	**Smith** erfindet eine Mähmaschine.
1811	**Dulong** entdeckt den Chlorstickstoff.
1811	Herstellung von Drahtgeflechten auf Webestühlen.
1811	**White** erfindet die Drahtstiftmaschine.
1811	Erste Anwendung von Ketten an Schiffsankern statt Seilen.
1811	Das Institut von 1806 erhält den Namen „Institut impérial de France".
1811	Peter Friedrich **Krupp** kauft am 7. Dezember in Altenessen die „Walkmühle", darin er die ersten Gußstahlversuche macht (s. 1819.)
1812	**Howard** erfindet den Vakuum-Abdampfapparat für Zuckersiedereien.
1812	**Blenkinsop** setzt für mehrere Jahre eine Zahnrad-Lokomotive auf einer englischen Grube bei Leeds in Betrieb.
1812	**Schilling** legt ein Versuchskabel durch die Newa und macht Versuche Pulverminen durch Galvanismus zu entzünden.
1812	**Sömmering** versucht seinen Telegraphen auf 1,25 km am 4. Februar; auf 3,18 km am 15. März.
1812	**Berzelius** bestimmt die Antimonoxyde; den höheren Oxy-

dationsstufen gibt er die Namen Antimonsaure und antimonige Säure.
1812 **Chapman** wendet zur Erhöhung der Adhäsion 8 Lokomotivtriebräder an.
1812 **Wood** und **Bell** errichten die erste regelmäßige Dampfschifffahrt in England.
1812 **Dulong** entdeckt das Chromgelb.
1812 Einführung der Georgine nach Deutschland.
1812 **Zamboni** erfindet die nach ihm benannte „trockene Säule".
1812 **Chancel's** Tauchzündhölzchen werden in Wien zuerst massenhaft hergestellt.
1813 **Brewster** erfindet das Kaleidoskop.
1813 Mechanischer Webstuhl von **Horrocks**.
1813 **Brewster** entdeckt die Absorption des Lichtes durch Gase (Poggend. Ann., Bd. 28).
1813 **Brunton** erhält am 13. Mai ein Patent auf eine Lokomotive, die sich, um nicht auf den Schienen zu gleiten, hinten durch Hebel (Beine) gegen die Erde stemmte und sich so wegstieß.
1813 Carl **Drais** v. Sauerbronn erfindet einen 4rädrigen Wagen zum Selbstfahren. (Bad. Magazin, Mannheim, vom 21. Dez. 1813. (s. 1817.)
1814 Erste Verwendung von Sauerstoff zu Wiederbelebungsversuchen bei Grubengasvergiftungen in England.
1814 Das Pariser Institut von 1811 erhält den Namen „Institut royale de France".
1814 **Fulton** baut das erste Dampfkriegsschiff, „Fulton the First", das am 29. Oktober in New-York vom Stapel lief.
1814 Die durch **Clegg** eingerichtete Straßenbeleuchtung mit Gas im Kirchspiel St. Margareths zu London wird am 1. April in Betrieb genommen.
1814 Schreibmaschine von **Mill**.
1814 Nähmaschine von J. **Madersberger** in Kuffstein.
1814 **Gay-Lussac** entdeckt die Jodwasserstoffsäure und stellt zuerst die Chlorsäure dar.
1814 **Berzelius** stellt die Zusammensetzung der Essigsäure fest.
1814 Erster Zeitungsdruck auf der Schnellpresse, die Londoner „Times" vom 14. November.
1814 Hobelmaschine von **Murray**.
1814 Die erste von **Stephenson** gebaute Lokomotive „Blücher" kommt auf dem Eisenwerk Killingworth am 25 Juli in Betrieb.
1814 Metallmoiré von **Alard** in Paris erfunden.
1814 Gründung des späteren Polytechnikum zu Graz.
1815 **Gay-Lussac** entdeckt das Cyan.
1815 **Berzelius** entdeckt die Tonerde.
1815 **Fraunhofer** entdeckt die nach ihm benannten dunklen Linien im Spektrum der Sonne.

1815 **Price** erfindet die Zylinderschermaschine.
1815 **Clegg** baut den ersten Gasmesser.
1815 Emaillierte Geschirre von der Hütte Lauchhammer.
1815 Sicherheitslampe von **Davy** erfunden.
1815 Paris erhält Gasstraßenbeleuchtung.
1815 **Taylor** erfindet die Gasbereitung aus Öl.
1815 Erstes Patentgesetz in Preußen vom 14. Oktober.
1815 Polytechnisches Institut Wien eröffnet am 3. November. (S. 1770.)
1815 Vereinigung der Universität Wittenberg mit der zu Halle am 12. April.
1815 **Eberhardt** in Magdeburg erfindet die Zinkographie.
1815 Erstes europäisches Kriegsdampfschiff „Congo", ein englisches Kanonenboot.
1816 **Newmann** erfindet das Knallgasgebläse.
1816 **Dulong** entdeckt die unterphosphorige Säure.
1816 **Porret** entdeckt die Diffusion tropfbarer Flüssigkeiten, von **Dutrochet** Endosmose genannt.
1816 **Lee** errichtet in England die erste Drahthängebrücke.
1816 **Romoldo** baut den ersten elektrischen Zeigertelegraphen.
1816 Erstes Dampfschiff in Frankreich mit regelmäßigem Betrieb.
1816 **Lampadius** baut die erste deutsche Gasanstalt auf dem Kgl. Amalgamierwerk bei Freiberg.
1816 Die Niederlande nehmen zuerst das französische Metermaß an.
1816 **Stirling** versucht eine Heißluftmaschine.
1816 Erste deutsche Bleistiftfabrik in Oberzell i. B.
1816 Robert **Salmon** in Wobarn erfindet die erste Heuwendemaschine.
1816 Erfindung der Metalldrückbank.
1816 **Pott** fertigt das erste künstliche Bein an.
1816 Am 21. März erhalten die Klassen des Instituts von 1814 den Namen „Académies" wieder.
1817 Aufhebung der 1654 gestifteten Universität zu Herbronn.
1817 **Uhlhorn** erfindet die Münzpresse zu Grevenbroich.
1817 **Mauby** baut die erste Dampfmaschine mit oscilierendem Zylinder.
1817 **Prechtl** versucht die Gasbeleuchtung des Polytechnischen Instituts zu Wien.
1817 Erste Schnellpost in Frankreich.
1817 **Breguet** erfindet das Kompositionsmetallthermometer.
1817 **Berzelius** entdeckt das Selen.
1817 **Struve** erfindet die künstlichen Mineralwässer.
1817 **Sertürner** entdeckt Morphium und Narkotin im Opium.
1817 **Arfvedson** entdeckt das Lithium.
1817 von **Reichenbach** baut eine große Wassersäulenmaschine bei Berchtesgaden.
1817 **Clymer** erfindet die Columbiabuchdruckpresse.

1817 **Sennefelder** erfindet die Papierplatten zum Drucken. (Papyrographie).
1817 Eröffnung der ersten Gewerbeschule Preußens zu Aachen.
1817 Carl von **Drais** erfindet die Laufmaschine, die „Draisine", den Anfang des Fahrrades (Karlsruher Zeitung vom 1. Aug. 1817); am 12. Januar 1818 erhält er ein badisches Privileg darauf.
1818 Erstes Leuchtgasleuchtfeuer auf dem Leuchtturm zu Triest.
1818 **Pelletier** und **Caventou** entdecken das Strychnin.
1818 **J. Chubb** erfindet das nach ihm benannte Schloß.
1818 **Touresse** nimmt die Kettenschiffahrt wieder auf, und verbessert sie mit **Courteaut**.
1818 Institut of Civil Engineers zu London gegründet.
1818 **Braconnot** und **Simonin** zu Paris erfinden die Stearinkerze.
1818 **de Girard** erfindet eine Flachsfeinspinnmaschine.
1818 Boraxfabrikation mittels Borsäure in Frankreich.
1818 Anlage künstlicher Lagunen zur Borsäuregewinnung durch **Larderel** im heutigen Montecerboli.
1818 **Stromeyer** und **Hermann** entdecken das Cadmium.
1818 **A. Häckel** erfindet die Physharmonika, eine Art Harmonium.
1818 **Mannoury d'Ectot** erfindet den ersten Injector zum Speisen von Dampfkesseln.
1818 Erstes größeres eisernes Schiff, ein Segler in England erbaut.
1818 Beginn der Dampfschiffahrt auf Rhein und Elbe.
1818 Neustiftung der 1801 aufgehobenen Universität zu Bonn am 18. Oktober.
1819 **Thénard** entdeckt das Wasserstoffperoxyd.
1819 **Krupp** eröffnet den Betrieb einer kleinen Tiegelgußstahlfabrik am 18. Oktober inmitten des heutigen Werkes.
1819 Erstes Leuchtgasleuchtfeuer Deutschlands, zu Neufahrwasser.
1819 **Welter** entdeckt die Unterschwefelsäure.
1819 **Mitscherlich** entdeckt den Isomorphismus.
1819 **Pelletier** und **Caventou** entdecken das Veratrin und Brucin.
1819 **F. Schuster** erfindet das Adiaphonon.
1819 **Gannal** erfindet die elastische Buchdruckfarbwalze.
1819 **Gordon** komprimiert Gas zum Transport.
1819 Zweite Südseeexpedition von **Bellinghausen**.
1819 **Gabelsberger** beginnt seine Stenographie.
1819 **Oerstedt** entdeckt im Dezember den Elektromagnetismus.
1819 Erste Oceandampfschiffahrt mit der „Savannah" von Amerika nach Liverpool, von 19. Mai bis 20. Juni, wobei man jedoch die letzten 8 Tage segeln mußte.
1819 Erste deutsche Maschinenpapierfabrik zu Berlin von **Corty** eingerichtet.
1819 **Hare** erfindet den Deflagrator, die Hare'sche Spirale genannt.
1820 **Pelletier** und **Caventou** entdecken das Chinin.

1820 **Bellot** in Paris erfindet die Zündhütchen.
1820 **Stadler** erfindet elastische Kautschukgewebe.
1820 Erfindung der Bleiröhrenpresse in England.
1820 **Oersted's** erste Veröffentlichung über den Elektromagnetismus in Schweigger's Journal, Bd. 29, S. 275, 1820 vom 21. Juli.
1820 **Ampère** veröffentlicht den Unterschied zwischen elektrischer Spannung und Strom, — (Ann. de Chim. et de Phys., Bd. 15, S. 67) und die mechanische Wirkung elektrischer Ströme aufeinander (ebenda S. 59).
1820 **Biot** und **Savart** veröffentlichen das nach ihnen benannte elektromagnetische Gesetz. — (Ann. de Chim. et de Phys., Bd. 15 S. 222.)
1820 **Arago** entdeckt die magnetische Kraft des elektrischen Funkens. — (Moniteur univ. No. 315 vom 10. November 1820.)
1820 La **Postolle** schlägt Blitz- und Hagelableiter aus Strohseilen (!) vor. — (Über Blitzableiter aus Strohseilen. Leipzig 1820.)
1820 **Ampère** macht den ersten Vorschlag zur elektromagnetischen Telegraphie. — (Ann. de Chim. et de Phys., XV. S. 73.)
1820 **Schweigger** konstruiert die ersten Elektromagnetspulen und den später nach ihm benannten „Multiplikator". — (Schweigg. Journ. Bd. 31. S. 1; Allg. Lit. Ztg. No. 296. 1820.)
1820 J. von **Baader** baut sich in München eine Laufmaschine nach Drais, die 1862 Tretkurbeln erhielt.
1820 Gründung des „Kgl. Technischen Instituts" zu Berlin (s. 1827).
1820 Erfindung der Dampftrockenmaschine.
1821 Errichtung von Schnellposten in Deutschland.
1821 Rechenmaschine von **Thomas** in Colmar.
1821 **Seebeck** entdeckt die Thermoelektrizität. — (Gilb., Ann. Bd. 73, S. 115, 430; Abhandlg. der Akademie zu Berlin für 1822—23. S. 265—373.)
1821 **Davy** entdeckt am 5. Juli die Ablenkung des elektrischen Lichtes durch den Magneten. — (Gilb., Ann., 71 S. 244.)
1821 **Gomperz** versieht eine Draisine mit einem Handhebelantrieb. — (Dingler's, Journal. Bd. 5, 1821, S. 289.)
1821 **Sauvage** erfindet eine Windmühle mit horizontalen Flügeln.
1821 S. **Erard** macht die nach ihm benannte Pedalharfe bekannt.
1821 Dampfwagenpatente von J. **Griffith** und D. **Gordon**.
1821 **Meissner** schafft die wissenschaftlichen Grundlagen zur Luftheizung.
1821 Unterseeboot System **Johnson**.
1821 Heliograph (Heliotrop) von **Gauss** erfunden.
1822 **Arago** und **Fresnel** geben die Theorie zu unserem modernen System der Leuchttürme.
1822 **Wöhler** entdeckt die Cyansäure.
1822 **Gmelin** entdeckt das rote Blutlaugensalz (Kaliumeisencyanid).

1822 **Döbereiner** stellt künstliche Ameisensäure dar.
1822 de **Prony** erfindet den „Prony'schen Zaun".
1822 **Daguerre** und **Bouton** erfinden das Diorama.
1822 Preußen's zweite Dampfmaschine, in der Kgl. Porzellanmanufaktur zu Berlin.
1822 **Oken** begründet die Jahresversammlung Deutscher Naturforscher am 18. September.
1822 Erstes Dampfschiff Deutschlands, auf dem Bodensee.
1822 **Liepmann** erfindet den Ölbilderdruck.
1822 **Gmelin** entdeckt künstliches Ultramarin.
1822 Kraftwebestuhl von **Roberts**.
1822 Dritte Südseeexpedition von **Weddel**.
1822 **Oerstedt** erfindet das Piëzometer.
1822 **Seebeck** hält die erste Vorlesung über Thermoelektrizität am 16. August.
1822 **Albrecht** in Klausthal wendet zuerst Drahtseile als Förderseile an.
1822 Erste Buchdrucksetzmaschine von **Church**.
1822 Erstes eisernes Dampfschiff „Aron Manby," in England.
1822 Am 11. Sept. wird vom hl. Officium beschlossen, daß die Copernikanische Theorie frei verkündet werden dürfe.
1823 **Quintez** in Straßburg erfindet die Dezimalwage.
1823 Gründung der Baugewerkschule München, der heutigen technischen Hochschule.
1823 **Döbereiner** entdeckt, daß Platinschwamm in Wasserstoffgas glühend wird, und konstruiert daraufhin das nach ihm benannte Feuerzeug.
1823 **Liebig** entdeckt die Knallsäure.
1823 **Berzelius** stellt amorphes Silicium dar.
1823 **Chevreul** vollendet seine Untersuchung über tierische Fette, der er die Entdeckung der Margarinsäure, Oleïnsäure und Stearinsäure verdankt.
1823 **Congrève** erfindet den nach ihm benannten farbigen Congrèvedruck.
1823 **Geitner** in Berlin nimmt die Verarbeitung des Argentan auf.
1823 Snow **Harris** macht den ersten Versuch Pulver auf weite Entfernungen durch Reibungselektrizität zu entzünden.
1823 **Delisle** macht der französischen Regierung eine Vorlage zur Einführung der Schiffsschraube.
1823 **Schützenbach** erfindet die Schnellessigfabrikation.
1823 Erster atmosphärischer Gasmotor von S. **Brown**.
1823 Erste eiserne Eisenbahnbrücke über den Gauntless, Linie Stockton-Darlington.
1824 **Berzelius** stellt amophes Zirkon aus der Zirkonerde dar.
1824 Künstlicher Zement von **Aspdin** erfunden.
1824 **Oersted** versucht Aluminium zu gewinnen.

1824 **Arago** entdeckt im November den von ihm so benannten „Rotationsmagnetismus". (Annal. de Chim., Bd. 27, S. 363.)
1824 **Berzelius** begründet die Lehre von den chemischen Proportionen.
1824 Baron **Lynden** will die 71 000 Morgen des Haarlemer Meeres durch 18 Dampfpumpen trockenlegen.
1824 Dampfstraßenwagen von **Burstall** und **Hill**.
1824 Gründung der Uhrmacherschule zu Genf.
1824 **Paixhans** regt zuerst Panzerplatten zum Schutz der Schiffswände gegen Granatfeuer an.
1824 Die ersten Gaskochöfen kommen auf.
1824 **Eberhart** in Darmstadt erfindet das Hochätzen in Metall, zum Abdruck.
1825 Gründung der Ungarischen Akademie der Wissenschaft zu Budapest.
1825 Gründung des Polytechnikum Karlsruhe am 7. Oktober.
1825 Vertrag zur ersten Straßenbeleuchtung Deutschlands durch Gas für die Stadt Berlin vom 21. April. (s. 1826.)
1825 Erstes Dampfschiff nach Ostindien.
1825 Erstes Dampfschiff auf dem Rhein am 14. Sept.
1825 **Roberts** erfindet den Selfactor, die selbsttätige Mulespinnmaschine.
1825 Erste Dampfdroschke von H. **James** konstruiert.
1825 Vollendung der ersten Pferdeeisenbahn für Personentransport von Stockton nach Darlington, durch **Stephenson** am 27. Sept.
1825 **Weber** veröffentlicht die Gesetze der Wellenbewegung in dem Werke: „Wellenlehre". Leipzig 1825.
1825 **Marshall** erfindet die Flachsspinnmaschinen.
1825 von **Fuchs** erfindet das Wasserglas.
1825 **Drumond** erfindet das nach ihm benannte Kalklicht.
1825 **Brunnel** beginnt den 1843 vollendeten Themsetunnel.
1825 **Faraday** entdeckt das Benzol.
1825 Preisausschreibung der englischen Regierung auf ein anderes Schiffsbewegungsmittel als Schaufelräder.
1825 **Smith** in Deanstone erfindet die Röhrendrainage.
1825 **Gourney** wendet zuerst mit Erfolg ein Dampfautomobil an.
1825 **Ritschie** verbessert das Photometer von **Bouguer**.
1825 **Gonella** erfindet das Planimeter.
1826 Hannover und Berlin erhalten Gasbeleuchtung durch eine englische Gesellschaft.
1826 **Unverdorben** stellt zuerst Anilin dar.
1826 **Balard** entdeckt das Brom.
1826 **Oerstedt** stellt zuerst Chloraluminium dar.
1826 **Nobili** entdeckt die nach ihm benannten „Farbenringe".
1826 **Sennefelder** erfindet den Farbensteindruck.
1826 **Poncelet** erfindet das nach ihm benannte Wasserrad. (Turbine.)
1826 **Burdin** erfindet eine Turbine.

1826	**Colin** und **Robiquet** entdecken das Alizarin.
1826	**Neville** in England erhält am 14. März das erste Patent auf einen Flammenrohrkessel.
1826	Gründung einer Real- und technischen Schule zu Darmstadt. (S. 1836.)
1826	Verlegung der Universität Landshut nach München am 7. November.
1827	W. **Hancock** baut größere Dampfomnibusse für 16 Personen in London.
1827	**Wöhler** stellt Aluminium aus Thonerde, Beryllium aus der Beryllerde und Yttrium aus der Yttererde dar.
1827	**Hoyau** erfindet die Maschine zur Herstellung von Haken und Ösen.
1827	Verpflanzung der Cochenille-Laus nach den Canarischen Inseln.
1827	Ohm'sches Gesetz veröffentlicht von S. **Ohm** in: „Die galvanische Kette. Berlin, 1827".
1827	Das Technische Institut zu Berlin von 1820 wird „Gewerbeinstitut. (S. 1866.)
1827	Turbine von **Fourneyron**.
1827	J. **Stirling** macht den ersten Versuch einer Luftexpansionsmaschine.
1827	Erfindung des Thaumotrops.
1827	Errichtung der Münchener Techn. Hochschule als „techn. Bildungsanstalt."
1827	In England kommen die ersten Straßenkehrmaschinen auf.
1827	Erfindung der Lithophanien aus Porzellan.
1827	**Colladon** und **Sturm** bestimmen die Geschwindigkeit des Schalles unter Wasser im Genfersee.
1828	Württembergische Patentbestimmungen.
1828	Rußland führt Platinmünzen ein, die bis 1845 in Cours bleiben.
1828	Das spätere Polytechnikum in Dresden gegründet (s. 1851); Gasstraßenbeleuchtung dort eingeführt als erstes deutsches Unternehmen dieser Art durch **Blochmann**.
1828	**Triboaillet** macht einen Vorschlag zu einem unterirdischen Telegraphen.
1828	**Berzelius** entdeckt das Thorium.
1828	**Wöhler** stellt künstlichen Harnstoff dar.
1828	**Robiquet** und **Colin** stellen Garancin dar.
1828	Gründung der Gesellschaft für Erdkunde.
1828	**Dumont** erfindet den nach ihm benannten Filterapparat für die Zuckerindustrie.
1828	**Dreyse** erfindet das Zündnadelgewehr. (Vorderlader.)
1828	**Seguin** erfindet den Lokomotivkessel.
1828	Eröffnung der ersten französischen Eisenbahn (mit Pferdebetrieb) am 1. Oktober von St. Etienne nach Andrezieux.

1828 **Green** stellt die Theorie des elektrischen und magnetischen Potentials zuerst auf.
1828 Gelungene Probefahrt der 1825 von H. **James** konstruierten Dampfdroschke mit 20 Personen zwischen Forest und London, Geschwindigkeit 7.5 km pro Stunde.
1828 L. **Gall** erfindet das „gallisieren" des Weines.
1828 Eröffnung der ersten Personenbahn des Kontinents, im September mit Pferdebetrieb zwischen Budweis und Mauthausen.
1828 Erste gewalzte Eisenbahnschienen.
1828 Erstes französisches Kriegsdampfschiff, der Radaviso „Shpynx".
1828 **Guimet** und zugleich **Köttig** stellen künstliches Ultramarin im Großen dar.
1829 **Bussy** erfindet die Methode der Magnesiumgewinnung in größeren Mengen aus Chlormagnesium.
1829 **Fechner's** elektromagnetischer Telegraph.
1829 **Damian** in Wien erfindet die Ziehharmonika.
1829 J. **Heilmann** erfindet die Strickmaschine.
1829 **Genoux** erfindet die Stereotypie mit Papierformen.
1829 **Thimonier** erfindet die erste brauchbare Nähmaschine, die erste Kettenstichmaschine.
1829 Polytechnische Schule zu Nürnberg und am 29. März die Gewerbeschule (s. 1840) zu Stuttgart gegründet.
1829 Am 25. April erläßt die Liverpool-Manchesterbahn ein Preisausschreiben zur Lokomotivkonkurrenz für Maschinen, die mindestens ihr dreifaches Gewicht in der Stunde 16 km weit ziehen könnten: von drei Bewerbern erringt **Stephenson** am 6. Oktober den Preis von 250 Pfund Sterling für seine Maschine „Rocket", die ihr fünffaches Gewicht 31 km weit in der Stunde bewegte.
1829 **Ressel** versucht die Schiffsschraube anzuwenden, der Versuch wird aber von der Polizei zu Triest, da er zu „gefährlich", verhindert.
1829 **Posch** in Berlin verbessert die Sprechmaschine von **Kempelen**.
1829 Eröffnung der ersten Eisenbahn in Amerika zwischen Baltimore und Ellicots-mills am 28. Dezember durch **Cooper**.
1829 **Braille** erfindet die nach ihm benannte Blindenschrift.
1829 **Jedlicka** konstruiert den ersten Elektromotor.
1830 **Barbier** erfindet seine Blindenschrift.
1830 **Reichenbach** entdeckt das Paraffin und empfiehlt es als Leuchtmaterial.
1830 **Neilson** erfindet den Hochofenbetrieb mit erhitzter Gebläseluft.
1830 Eröffnung der ersten Dampfeisenbahn der Erde für den Personenbetrieb zwischen Manchester und Liverpool am 15. September; Probefahrt am 14. Juni.
1830 **Hancock** erfindet die Gummischuhe.
1830 Vierte Südseeexpedition.

1830 **Ehrenberg** erweitert durch seine Entdeckungen unsere Kenntnisse von der Infusorienwelt.
1830 **Sefström** entdeckt das Vanadium.
1830 **Fox** verbessert die Metallhobelmaschine.
1830 **Sturgeon** führt das Amalgamieren der Zinke ein.
1830 **Bonafous** erfindet die Dibbelmaschine.
1830 Erfindung der Fräsmaschine in Amerika.
1830 Eröffnung der Eisenbahn Prag-Lahna am 21. März.
1831 Gründung der späteren technischen Hochschule zu Hannover als höhere Gewerbeschule. (s. 1847.)
1831 Gründung der Handelsakademie in Leipzig.
1831 **Guthrie** entdeckt das Chloroform.
1881 **Shaw** unternimmt die erste elektrische Zündung zu Felsensprengung, mit Reibungselektrizität.
1831 **Faraday** entdeckt die Induktion elektrischer Ströme durch Magnetismus und veröffentlicht seine Beobachtung am 24. November.
1831 J. **Dumas** entdeckt das Anthracen.
1831 Das englische Unterhaus bildet eine Kommission zur Prüfung der Schienenlokomotiven gegen die Dampfstraßenwagen (Steam-Carriages).
1831 Kapillaritättheorie von **Poisson**.
1831 Transport des 5000 Zentner schweren Obelisken von Luxor in Ägypten nach Paris, wo er 1836 aufgestellt wurde.
1831 Erster regelmäßiger Automobildienst mit dem **Gurney**'schen Wagen durch J. **Squire**, zwischen Gloucester und Cheltenham = 60 km.
1831 **Perkins** erfindet die Warmwasserheizung.
1831 J. C. **Ross** findet am Kap Adelaide, an der W-Spitze der Insel Borthia, den magnetischen Nordpol am 1. Juni.
1832 Konservieren des Holzes von **Kyan** (Kyanisieren).
1832 **Pelouze** entdeckt das Phosphoroxyd.
1832 **Stampfer** erfindet die stroboskopische Scheibe.
1832 de **Milly** in Paris beginnt die Fabrikation von Stearinkerzen.
1832 Erste deutsche Dampfeisenbahn, zum Salztransport eröffnet am 1. August zwischen Linz und Budweis, die seit September 1828 durch Pferde betrieben wurde.
1832 **Plössl** in Wien erfindet das dialytische Fernrohr.
1832 **Schilling** konstruiert den ersten Nadeltelegraph.
1832 Eröffnung der ersten Kleinbahn in England.
1832 Dampfpflug von **Heatcoat**.
1832 Errichtung der ersten optischen Telegraphenlinie in Preußen, von Berlin nach Trier.
1832 Walzenglas erfunden.
1832 Gründung der Universität Zürich.
1832 **Gauss** erfindet das Magnetometer und die bifilare Aufhängung,

auch errichtet er zu Göttingen das erste erdmagnetische Observatorium.

1832 In einem anonymen, P. M. unterzeichneten, Schreiben an **Faraday** wurde am 2. August eine elektromagnetische Maschine vorgeschlagen; am 3. September konstruiert **Pixii** eine solche die er S. 322 der Ann. de Chim., Bd. 50 veröffentlicht.
1832 **Morse** beginnt seine Telegraphieversuche.
1832 **Kammerer** erfindet die Streichzündhölzchen.
1832 **Ericson** erfindet die Dampffeuerspritze.
1832 **Sauvage** nimmt ein Patent auf eine Schiffsschraube.
1832 **Liebig** entdeckt das Chloral.
1833 **Reichenbach** entdeckt das Kreosot.
1833 Erstes englisches Kriegsdampfschiff „Medea" erbaut von **Lang**, 110 Pferdekräfte, 800 t Deplacement.
1833 Gründung der Polytechnischen Schule Augsburg.
1833 **Ericson** erfindet den Heißluftmotor.
1833 **Prechtl** in Wien erfindet die Phosphorzündhölzchen.
1833 Straßenbeleuchtung mit Gas in Wien.
1833 **Hare** wendet den Galvanismus zum Zünden bei Felsensprengungen an.
1833 **Gauss** und **Weber** verbinden die Sternwarte und das Physikalische Kabinet durch die erste elektromagnetische Telegraphenanlage der Erde. (Götting. gelehrt. Anzeig. 1834, II, S. 1272, Stück 128.)
1833 **Ritchie** konstruierte den ersten rotierenden elektromagnetischen Motor (Phil. Trans., Bd. 2, S. 318).
1833 **Dreyse** erfindet das Zündnadelgewehr mit Hinterladung.
1833 **Runge** entdeckt Anilin im Steinkohlenteer.
1833 **Wright** konstruiert einen direkten und doppelwirkenden Gasmotor, den ersten mit Wassermantel.
1833 Erste gelungene Dampfschiffahrt über den Ocean; der Dampfer „Royal William" gelangt vom 18. August bis 12. September nach Europa.
1833 Patinieren des Silbers erfunden.
1834 **Wheatstone** mißt die Geschwindigkeit der Elektrizität zu 460000 km pro Sekunde.
1834 **Kemp** unternimmt die 5. Südseeexpedition.
1834 **Hunt** erfindet die Doppelsteppstichnähmaschine mit Schiffchen.
1834 Stiftung der Universität Bern.
1834 **Perrot** erfindet die „Perrotine" eine intermittierende Zeugdruckmaschine.
1834 **Thilorier** stellt Kohlensäure in fester und flüssiger Form dar.
1834 **Jacobi** baut den ersten elektromagnetischen Motor, der praktische Verwendung fand.
1834 **Perkins** erfindet eine Eismaschine.

1834	**Ross-Winans** baut den ersten Eisenbahnwagen mit Drehgestellen in Amerika.
1834	**Gardner** erhält am 6. März ein englisches Patent auf die erste Rübenschneidemaschine.
1834	**Runge** entdeckt die Karbolsäure.
1834	M. **Thonet** aus Boppard erfindet die aus gebogenem Holz hergestellten „Wiener Möbel".
1834	W. **Marr** in London baut den ersten feuerfesten Geldschrank.
1835	**Liebig** entdeckt das Aldehyd.
1835	Eröffnung der ersten belgischen Eisenbahn von Bruxelles nach Mecheln am 3. Mai.
1835	Eröffnung der ersten Eisenbahn Deutschlands von Nürnberg nach Fürth am 7. Dezember, mit der von **Stephenson** erbauten Lokomotive „Adler".
1835	**Thomas** und **Laurens** erfinden die Dampfkesselheizung durch Hochofengas.
1835	Attentat mittels Höllenmaschine auf **Louis Philipp** am 28. Juli.
1835	Erste österreichische Landesausstellung zu Wien.
1835	Errichtung einer technischen Abteilung an der 1745 gegründeten Hochschule zu Braunschweig.
1835	**Gauss** und **Weber** machen den ersten Vorschlag zur Eisenbahntelegraphie, an die Leipzig-Dresdener Eisenbahngesellschaft.
1835	**Stratingh** und **Becker** konstruieren einen elektromagnetischen Wagen.
1835	**Schwerd** gibt eine vollständige Erklärung aller Beugungserscheinungen des Lichtes.
1835	Brechung der Wärmestrahlen von **Melloni** genauer nachgewiesen.
1835	**Smith** nimmt ein Patent auf Schraubendampfer.
1835	Einführung der optischen Telegraphie in Österreich.
1835	**Schilling** macht seinen elektromagnetischen Telegraphen am 23. September bekannt.
1835	**Forbes** entdeckt die Polarisation der Wärmestrahlen.
1835	G. **Kind** verbessert die Erdbohrer.
1835	**Faber** erfindet eine Sprechmaschine. — (Pogg. Annal., Bd. 58. S. 175.)
1835	Günstig verlaufene Wettfahrt der **Gourney**'schen Automobile gegen die Postkutschen (s. 1831).
1836	Die heutige Technische Hochschule Darmstadt wird aus der Anstalt von 1826 als höhere Gewerbeschule gegründet. (s. 1868.)
1836	Erfindung der Maschinen zur Herstellung von Charnierbändern.
1836	Erfindung der Trockenzentrifuge für Gewebe.
1836	**Whewell** erfindet das Anemoskop.
1836	**Morse** konstruiert seinen ersten Telegraphen.
1836	**Schafhäutl** erfindet den Puddelprozeß mit Gasfeuer.
1836	**Steinheil** konstruiert seine ersten Telegraphensysteme.
1836	Zeigertelegraph von **Cooke**.

1836 **Daniell** erfindet das nach ihm benannte erste konstante galvanische Element und entdeckt, daß das ausgeschiedene Kupfer die Form der Elektrode annimmt.
1836 **Schützenbach** erfindet ein neues Verfahren zur Gewinnung von Rübenzucker.
1836 **Botto** in Turin konstruiert einen elektromagnetischen Wagen.
1836 **Gaudin** erfindet künstliche Rubine.
1836 **Wöhler** stellt zuerst Calciumcarbid dar.
1836 **Brackenburg** erfindet seine „Endio-Engine" für Sauerstoff- und Wasserstoffbetrieb, speziell zu Automobilen.
1837 **Jacobi** wendet im Februar die von **Daniell** 1836 gemachte Entdeckung an, um Figuren und Buchstaben galvanisch aus Kupfer zu formen. (Galvanoplastik.)
1837 **Steinheil** baut eine Telegraphenlinie von München nach Bogenhausen.
1837 **Morse** führt seinen Schreibtelegraphen am 4. September 1837 zuerst praktisch vor und meldet ihn im Oktober zum Patent an.
1837 **Cooke** und **Wheatstone** suchen am 12. Juni ein Patent auf ihren 5-Nadeltelegraphen nach, mit dem sie am 25. Juli die erste Eisenbahntelegraphenlinie der Welt zu London in Betrieb nehmen.
1837 C. G. **Page** hört das Tönen eines Eisenstabes in einer Drahtspule. (Grundanfang der elektrisch-magnetischen Telephonie) — Siliman's Journ., Bd. 32, 1837, S. 396; Bd. 33, S. 118.
1837 **Hartmann** gründet die „Sächsische Maschinenfabrik".
1837 **Borsig** gründet seine Maschinenfabrik.
1837 **Smith** läßt im September den ersten Schraubendampfer „Infant Royal" von Blackwell nach Hyte.
1837 Erste Eisenbahn Frankreichs eröffnet am 26. August zwischen Paris und St. Germain.
1837 Erste Eisenbahn auf Cuba.
1837 Dampfautomobil von **Osmont**.
1837 **Schichau** gründet in Elbing eine Maschinenfabrik, aus der die heutige Werft hervorging.
1837 **Hill** schlägt in England das Pennyporto vor.
1838 Gründung der Universität zu Messina.
1838 Beginn des Neubaues der Straßburger Münsteruhr am 24. Januar.
1838 Erste Lokomotive in Deutschland erbaut, die „Saxonia" zu Übigau bei Dresden.
1838 Erster mit Dampf betriebener Eisenbahnzug in Österreich von Wien nach Floridsdorf am 6. Januar, auf der am 17. November 1837 eröffneten Bahn.
1838 Eröffnung der ersten Eisenbahn in Preußen am 21. September, von Potsdam nach Berlin, wo der erste Zug am 29. Oktober einlief.
1838 Erste regelrechte Ozeandampfschifffahrt: der „Sirius" läuft am 4. April in 18 Tagen von London nach Amerika.

1838 **Clegg** erfindet die atmosphärische Eisenbahn.
1838 **Perkins** erfindet die Dampframme.
1838 **Fairbairn** erfindet die Nietmaschine, zum Nieten von Dampfkesseln.
1838 Sechste Südpolexpedition von d'Urville.
1838 **Jobart** macht zuerst den Vorschlag, das Glühen der Kohle durch Galvanismus im luftleeren Raum zur Beleuchtung zu benutzen.
1838 **Steinheil** entdeckt die Rückleitungsfähigkeit der Erde für galvanische Ströme wieder.
1838 **Wagner** in Frankfurt a M. macht Versuche mit elektromagnetisch betriebenen Wagen.
1838 **Jacobi** fährt mit einem elektrischen Boot auf der Newa.
1838 **Daguerre** erfindet das Fixierverfahren für Lichtbilder auf Silberplatten.
1838 Erste Eisenbahn in Rußland am 4. April bei Petersburg eröffnet.
1838 **Neef** führt den ersten von ihm gebauten elektromagnetischen Induktionsapparat öffentlich vor.
1838 **Wheatstone** erfindet das Stereoskop, das er am 21. Juni der Kgl. Gesellschafft zu London vorlegte.
1838 **Rowley** erfindet den pneumatischen Telegraphen.
1838 W. **Barnett** verdichtet das Gas- und Luftgemisch für Gasmotore vor der Entzündung.
1838 **Nasmyth** erfindet den heutigen Dampfhammer.
1838 Gründung des Polytechnischen Instituts zu London verbunden mit Museum.
1838 Erstes größeres eisernes Segelschiff die „Ironsides", erbaut zu Liverpool.
1839 **Wagner** erfindet den nach ihm benannten „Hammer"-Unterbrecher für galvanische Ströme.
1839 **Daguerre** veröffentlicht sein photographisches Geheimnis am 19. August gegen eine Rente.
1839 **Grove** erfindet sein (regenerationsfähiges) galvanisches Element, die erste konstante (Ladungs-) Kette.
1839 **Steinheil** erfindet die elektrischen Zeigerwerke mit Normaluhr.
1839 Potentialtheorie von **Gauſs** (unabhängig von **Green**) aufgestellt.
1839 Erste Eisenbahn Hollands von Amsterdam nach Haarlem, eröffnet im September.
1839 **Mosander** entdeckt das Lanthan.
1839 **Belleny** und **Wilkes** unternehmen die 7. und 8. Südseeexpedition.
1839 Bau des ersten großen Ozeanschraubendampfers „Archimedes" durch **Smith**.
1839 **Triger** in Angers erfindet die pneumatische Entwässerung.
1839 **Vorsellmann de Her** zeigt am 31. Januar der Physikalischen

Gesellschaft zu Deventer seinen elektro-physiologischen Telegraphen.
1839 **Armstrong** erhält ein Patent auf eiserne Zickzackeggen am 30. November.
1839 Einführung der optischen Telegraphie in Rußland.
1839 Nähmaschine mit 2 Nadeln von **Madersberger**.
1839 **Bischof** in Halle regt zuerst die Gasheizung an.
1839 Beginn der Bohrungen auf Salz zu Staßfurt am 3. April.
1839 **Goodyear** erfindet das Vulkanisieren des Kautschuks.
1839 Erste Eisenbahn Italiens von Neapel nach Portici, eröffnet am 3. Oktober.
1840 **Talbot** erfindet die photographische Reproduktion auf Papier (Kalotypie).
1840 Erstes Automobil mit komprimierter Luft von **du Motay**; Probefahrt 9. Juli.
1840 Die 1829 zu Stuttgart gestiftete Schule wird am 2. Januar zur „polytechnischen Schule" erhoben.
1840 **Schönbein** entdeckt das Ozon.
1840 **Hill** in England führt die Briefmarken und das Einheitsporto am 10. Januar ein.
1840 Beginn der ersten transatlantischen Dampferlinie „Cunard".
1840 **Osmont** betreibt bis 1850 eine Automobillinie.
1840 **Wheatstone** erfindet das elektromagnetische Chronoskop und schlägt die submarine telegraphische Verbindung Englands und des Kontinents vor.
1840 de la **Rive** gelingt die galvanische Vergoldung auf Kupfer und Messing.
1840 Zu Seghill beobachtet man Elektrizität am Sicherheitsventil eines Dampfkessels; Armstrong erfindet die Dampfelektrisiermaschine.
1840 Glyphographie von **Palmer** erfunden.
1840 **Ross** unternimmt die neunte Südseeexpedition.
1840 **Th. Millner** nimmt das erste Patent auf feuerfeste Goldschränke.
1840 **Liebig** begründet die neuere Agrikulturchemie.
1840 v. **Wahrendorff** erfindet das glatte Hinterladergeschütz; die man schon im 14. Jahrhundert kannte.
1840 **Savart** und **Duhamel** erfinden den Phonautographen.
1840 **Liston** erfindet den Kehlkopfspiegel.
1840 A. **Sax** erfindet das Saxophon.
1840 **Henschel** erfindet die nach ihm benannte Turbine.
1840 Gußstahl von **Maier** in Bochum.
1841 **Böttger** liefert den ersten galvanischen Abzug einer Kupferstichplatte, des kreuztragenden Christus von Crispi, gestochen von Felsing.
1841 **Dietz** versucht ein Dampfautomobil in Frankreich.
1841 **Croskill** erfindet den Schollenbrecher in England.

1841	Vollendung der ersten Lokomotive aus den Werkstätten **Borsig's** am 24. Juni.
1841	Konserviermethode für Holz nach **Payne** (Paynisieren) und zugleich nach **Boucherie** (Boucherisieren).
1841	**Triger** wendet die pneumatische Entwässerung zuerst in einem Kohlenschacht zu Chalonnes a. d. Loire an.
1841	**Fritzsche** analysiert und benennt das Anilin.
1841	**Ruolz** überreicht der Pariser Akademie am 9. August eine Denkschrift, darin er das Problem der galvanischen Abscheidung von Metallen auf beliebige andere löste. (Comptes rendus, III, 1104.)
1841	**Bunsen** erfindet das nach ihm benannte galvanische Element.
1841	**Wagner** veröffentlicht in Dingler's Journal einen Artikel „Elektromagnetismus als Triebkraft." (S. 1838.)
1841	Anemoskop von **Isoard**.
1841	**Woolrich** betreibt zuerst eine magnetelektrische Maschine mit Dampf.
1841	Stenographie von **Stolze**.
1841	**Baily** bestimmt die Dichtigkeit der Erde.
1841	F. **Moleyns** in Cheltenham konstruiert die erste Glühlampe, mit luftleerem Ballen und Platinspirale, und erhält ein Patent darauf.
1842	Der Dampfhammer von **Nasmyth** gelangt bei **Bourdon & Schneider** in Creusot in die Praxis.
1842	**Mosander** entdeckt das Didym.
1842	**Mayer** spricht das Gesetz von der Erhaltung der Energie aus.
1842	Guttapercha erscheint zuerst auf dem Markt zu London.
1842	Eröffnung des 1825 begonnenen Themsetunnels am 25. März.
1842	Gründung der Firma **Christofle** zu Paris für Galvanostegie.
1842	Vollendung der 1838 begonnenen Uhr im Münster zu Straßburg am 2. Oktober.
1842	**Poggendorff** erfindet das galvanische Chromsäure-Element.
1842	**Deleuil** macht in Paris den ersten Versuch zur Straßenbeleuchtung mit elektrischem Bogenlicht.
1842	**Walcker** erfindet das Kegelladensystem an Orgeln.
1842	**Kobell** erfindet die Galvanographie.
1843	Erster Zoologischer Garten Deutschlands zu Berlin.
1843	**Dent** erfindet das Dipleidoskop.
1843	Erste Deutsche elektromagnetische Eisenbahn-Telegraphenlinie, zu Aachen.
1843	**Armstrong** erfindet den Wasserakkumulator.
1843	Anfang der ersten Morse Telegraphenlinie von Washington nach Baltimore.
1843	**Morse** schlägt zuerst ein transatlantisches Kabel vor.
1843	**Steinheil** macht **Heider** auf die Anwendung des galvanischen

Stromes zur operativen Medizin aufmerksam (Galvanokaustik, damals Galvanoplastik genannt).

1843 Erster französischer Schraubendampfer „Napoleon" gebaut.
1843 **Mosander** stellt die Erbinerde aus Gadolinit her.
1843 **Ohm** erklärt die wirkliche Existenz der Aliquottöne.
1844 **Vidi** erfindet das Aneroidbarometer in Kapselform wieder.
1844 **Rose** entdeckt die Niobsäure.
1844 Vollendung und Eröffnung der ersten Telegraphenlinie nach **Morse** von Washington nach Baltimore am 27. Mai.
1844 **Bromeis** und **Böttger** erfinden den Glasdruck.
1844 Erste elektromagnetische Telegraphenlinie der Welt mit nur einem Draht von **Fardely** aus Mannheim, zwischen Castel und Wiesbaden.
1844 Erste Benutzung der elektrischen Telegraphen für das Publikum von England eingeführt.
1844 **Murchison** macht zuerst auf den Goldreichtum Australiens aufmerksam.
1844 **Stöhrer**, der ältere, erfindet den nach ihm benannten elektromagnetischen Rotationsapparat, den Kurbelwecker unserer heutigen Fernsprechapparate.
1844 **Brewster** gibt dem 1838 erfundenen Stereoskop in seinem Prismenstereoskop eine bessere Form.
1844 **Moser** fertigt die ersten photographischen Bilder für Stereoskope.
1844 **Delenil** beleuchtet den „Place de la Concorde" zu Paris mittels elektrischen Bogenlichtscheinwerfers, von den Knieen der Figur der Stadt Lille herab.
1844 **Foucault** schlägt zuerst Retortenkohle zum Bogenlicht vor.
1844 Erste Eisenbahn auf schweizerischem Gebiet von Basel gen St. Ludwig, eröffnet am 15. Juni.
1844 Erste dänische Eisenbahn, von Altona nach Kiel, eröffnet am 18. September.
1845 **Schinz** erfindet ein Aneroïdbarometer mit einer luftleeren Metallröhre von elliptischem Querschnitt.
1845 A l. **Baine** macht zu London den ersten Versuch mit drahtloser Telegraphie. — (Zeitschr. f. Elektrizitätslehre. 1882. S. 473.)
1845 10. Südseeexpedition von **Moore**.
1845 **Brett** schlägt ein transatlantisches Kabel vor.
1845 **Howe** verbessert die Schiffchennähmaschine (s. 1834).
1845 Erste französische elektrische Telegraphenlinie Paris-Rouen.
1845 **Hill** erfindet die Briefkonvertmaschine.
1845 **Starr** zeigt zu London das erste elektrische Glühlicht, einen Kandelaber mit 26 Lampen.
1845 **Claus** entdeckt das Ruthenium.
1845 **Wheatstone** veröffentlicht die von ihm erfundene elektrische Widerstands-Meßbrücke.

1845 M. **Heider** wendet die Galvanokaustik zuerst zur Zerstörung von Zahngeschwüren an.
1845 **Brunel** baut den ersten großen transatlantischen Schraubendampfer „Great Britain".
1845 **Stöhrer** schlägt den Rotationsapparat zum Walfischfang vor.
1845 Erste schmiedeeiserne Kanone, zu Horsfall gefertigt.
1845 **Japy** erfindet die selbsttätige Holzschraubenschneidemaschine.
1845 **Herschel** und **Brewster** entdecken die 1852 „Fluorescenz" benannten Lichterscheinungen.
1845 **Triger** legt der Pariser Akademie am 25. Februar das Projekt zur Gründung von Brückenpfeilern durch seine pneumatische Entwässerung vor.
1845 H. **Milius** in Themar baut ein Fahrrad mit Tretkurbeln.
1846 **Bessemer** erfindet das Auswalzen flüssiger Metalle zu Blechen.
1846 Gründung der „Königl. Sächsischen Gesellschaft der Wissenschaften" zu Leipzig am 6. Juli.
1846 **Armstrong** baut den ersten hydraulischen Krahn.
1846 **Dutremplay** erfindet eine Ätherdampfmaschine.
1846 Erstes „Pompierkorps" (s. Feuerwehr) zu Durlach.
1846 **Schönbein** entdeckt die Schießbaumwolle zu Basel.
1846 Einführung der elektromagnetischen Telegraphie in Belgien und Preußen.
1846 **Applegath** erfindet die Rotationsschnellpresse.
1846 **Cavalli** erfindet die gezogene Hinterladekanone.
1846 Gründung der „K. K. Akademie der Wissenschaften zu Wien am 30. Mai."
1846 Werner **Siemens** verwendet zuerst die Guttapercha zu Kabeln.
1846 **Leverrier** errechnet einen neuen Planeten und bezeichnet den Ort, wo **Galle** in Berlin denselben am 23. September finden könne, und auch wirklich fand. Der Planet erhielt den Namen Neptun.
1846 **Jackson** entdeckt die anästhesierende Wirkung des eingeatmeten Schwefeläthers.
1846 **Boydell** nimmt ein Patent auf eine Straßenlokomotive mit endlosen Schienen (Schleppbahn) am 29. August.
1846 **Colt** legt bei New-York den ersten Leitungsdraht unter dem Meere.
1846 **Faraday** entdeckt den Diamagnetismus an Wismut und Antimon.
1846 **Kühn** in Meißen erfindet die erste chemische Feuerlöschbombe.
1847 **Krupp** fertigt den ersten 3-Pfünder aus Gußstahl.
1847 **Maynard** erfindet das Collodium.
1847 **Siemens** führt die erste unterirdische Telegraphenlinie, Berlin-Großbeeren, aus.
1847 **Bakewell** versucht zuerst die Übertragung von Bildern durch den Telegraphen.
1847 Nitroglyzerin von **Sobrero** in Paris entdeckt.

1847 **Uhlhorn** erfindet die selbsttätige Münzenprägemaschine.
1847 Einführung des elektromagnetischen Telegraphen in Holland.
1847 Erste schweizerische Eisenbahn eröffnet am 8. August zwischen Zürich und Baden.
1847 **Simpson** erkennt die anästhesierende Wirkung des eingeatmeten Chloroforms.
1847 **Mansfield** weist das reiche Vorkommen des Benzol in Teer nach.
1847 **Sutter** entdeckt die Goldlager am Sacramento.
1847 Erweiterung der späteren Technischen Hochschule zu Hannover zur „Polytechnischen Schule", (s. 1879).
1847 **Fizeau** und **Foucault** weisen die Interferenz der Wärmestrahlen dar.
1847 **Vail** erfindet den ersten Typendrucktelegraphen.
1847 Gründung der Hamburg-Amerika-Linie am 27. Mai, die den Betrieb mit 3 Seglern begann.
1847 R. W. **Thomson** fährt am 17. März in London in einem Wagen mit hohlen Gummireifen.
1847 Auf der Sayner Hütte werden zuerst Kugellager verwendet, und zwar an Kranen.
1847 von **Rudorffer** versieht Eisenbahnwagen in Bayern mit Rollenlagern.
1847 Erste „Freiwillige Feuerwehr", in Karlsruhe.
1848 **Schrötter** in Wien entdeckt den amorphen Phosphor.
1848 **Böttger** in Frankfurt a/M. erfindet die Antiphosphorzündhölzchen.
1848 R. **Stephenson** baut die erste größere von ihm erfundene Röhrenbrücke über die Conraybucht.
1848 Erste Anwendung der elektromagnetischen Telegraphie zur astronomischen Zeitregelung.
1848 **Gerke** in Hamburg stellt das heutige Strich-Punkt-System der Morsetelegraphen auf.
1848 **Archereau** erfindet die erste selbstregulierende Bogenlampe.
1848 **Siemens** erfindet die Guttapercha-Isoliermaschine für Drähte und Kabel.
1848 **Ericson** baut die erste Luftexpansionsmaschine von 5 Pferdekräften.
1848 **Knoblauch** weist die Beugung und Doppelbrechung der Wärmestrahlen nach.
1848 E. du **Bois-Reymond** erfindet den Schlitteninduktionsapparat.
1848 Beginn der seit 1648 projektierten Trockenlegung des Haarlemer Meeres durch drei Dampfmaschinen, die in $3^1/_4$ Jahren 850 000 000 cbm Wasser förderten.
1848 Unterseeische elektrische Minenanlage im Kieler Hafen.
1848 Chloroformdampfmaschine von **Lafaud**.
1848 H. **Vohl** entdeckt das Photogen.
1848 Erste Eisenbahn Spaniens eröffnet am 30. Oktober zwischen Barcelona und Mataro.

1848	Erster Vorschlag zur Wiedergewinnung der 1225 entstandenen Zuidersee.
1849	De **Brettes** in Paris erfindet den ersten Abstimmungstelegraphen.
1849	Legung des ersten Unterseekabels zu Folkestone in England, 15 km lang, am 10. Januar durch **Walker**.
1849	Einführung der elektromagnetischen Telegraphie in Österreich durch **Steinheil**.
1849	**Pettenkofer** macht Versuche im großen aus Holz Leuchtgas zu bereiten.
1849	**Corlifs** erfindet die nach ihm benannte Dampfmaschinensteuerung.
1849	**Schäffer** erhält ein Patent auf sein Manometer.
1849	**Fizeau** erfindet einen neuen Apparat zur Messung der Lichtgeschwindigkeit.
1849	**Jacobi** macht am 8. August den ersten größeren Versuch in Rußland mit elektrischem Bogenlicht zur Straßenbeleuchtung.
1849	**Joule** bestimmt das Arbeitsäquivalent der Wärme. (Phil. Trans. 1850, I.)
1849	**Reece** gewinnt Paraffin mittels trockener Destillation aus Torf.
1849	**Bauer**'s Unterseeboot sinkt bei der Probefahrt im Kieler Hafen.
1849	**Staite** schmelzt Metalle durch den elektrischen Lichtbogen.
1850	**Bourdon** verbessert das Aneroidbarometer.
1850	Errichtung des ersten Gewerbemuseums zu Stuttgart.
1850	Erste deutsch-ausländische Telegraphenlinie Berlin-Ostende eröffnet im Mai.
1850	Gründung der Uhrmacherschule zu Furtwangen.
1850	Gründung des Polytechnikums zu Brünn.
1850	**Brett** verbindet England mit dem Kontinent durch ein Telegraphenkabel am 28. August, das am 29. Aug. zerreißt.
1850	Erste elektrische Staatstelegraphenlinien in Preußen.
1850	**Ruhmkorff** vervollkommnet den Induktionsapparat.
1850	**Gorrie** macht den Vorschlag, Luft zu komprimieren, abzukühlen und die bei der Expansion auftretende Kälte zur Eisfabrikation zu gewinnen.
1850	Eröffnung der ersten Eisenbahnen in Canada und Mexiko.
1850	**Black** erfindet die Falzmaschine.
1850	Der Diamant Koh-i-nor geht aus dem Besitz der Ostindischen Kompagnie an den englischen Kronschatz über; Gewicht jetzt 106,6 Karat, ehemals 672 oder gar 793 Karat.
1851	Das Verfahren zum „gallisieren" der Weine wird veröffentlicht.
1851	**Foucault's** Pendelversuche zum Beweis der Achsendrehung der Erde.
1851	**Helmholtz** erfindet den Augenspiegel zu Königsberg und zeigt ihn am 13. November der dortigen Medizin. Gesellschaft zuerst vor.

1851	Erste Weltausstellung; angeregt von der Society of arts zu London.
1851	Einführung der Dreschmaschine in Deutschland.
1851	**Amberger** macht den ersten Vorschlag zur elektrischen Eisenbahnbremse.
1851	Neulegung des 41 km langen Telegraphenkabels Dover-Calais vom 25. bis 27. September; das älteste der noch betriebfähigen Unterseekabel.
1851	Elektrische Feuerwehrtelegraphenanlage in Berlin.
1851	Die 1828 gestiftete Dresdener Schule wird zur polytechnischen Schule erhoben.
1851	Die 1759 gegründete bayrische Akademie erhält eine naturwissenschaftlich-technische Kommission.
1851	**Archer** erfindet das Collodiumverfahren in der Photographie.
1851	**Wilson** erfindet die Greifernähmaschine.
1851	**Singer** nutzt die Erfindung der Howe'schen Nähmaschine industriell aus, verliert aber später die Patentprozesse gegen den verarmten **Howe** und muß ihm hohe Entschädigungen zahlen.
1851	**Loubet** erbaut die erste Stadtstraßenbahn (Pferdebahn) in New-York.
1851	Erste Luftexpansionsmaschine auf der Londoner Ausstellung von Ericson vorgeführt.
1851	**Schmidt** zeigt in London die erste Buttermaschine. (Milchzentrifuge.)
1851	**S. Colt** erfindet den Revolver.
1851	Erste Eisenbahnen in Schweden und Peru.
1851	Photometer von **Bunsen** erfunden.
1851	Erbauung des Glaspalastes zu London.
1852	**Steinheil** baut das schweizerische Telegraphennetz.
1852	**Reis** beginnt seine Telephonversuche.
1852	Gründung des Germanischen Museum zu Nürnberg.
1852	Beginn des Baues des „Great Eastern", damals des größten Schiffes der Erde; Länge 210,6 m, Breite 25,1 m, Wasserverdrängung 27000 Tons. 8000 Pferdekraft und 5200 qm Segelfläche.
1852	**Goodyear** erfindet den Hartgummi (Ebonit).
1852	Trockenlegung des Haarlemer Meeres vollendet.
1852	G. **Stokes** macht zuerst die ultravioletten Strahlen sichtbar; auch untersucht und benennt er die „Fluorescenz" näher.
1852	**Giffard** steigt am 24. September in einem lenkbaren Luftschiff mit 3 pferdiger Dampfmaschine auf.
1852	Versuch zur elektrischen Bogenlichtbeleuchtung der Deputiertenkammersale in Brüssel.
1852	J. **Röbling** aus Mühlhausen erbaut die erste Eisenbahnhängebrücke über den Niagara.

1852 H. **Völter** erfindet das Holzstoffpapier durch mechanische Zerlegung des Holzes in seine Fasern.
1852 **Hittorf** entdeckt die Abhängigkeit der elektrischen Leitungsfähigkeit des Selens von der Temperatur.
1852 Der Ausdruck „Telegramm" kommt in Amerika auf.
1852 F. **Wertheim** gründet in Wien die erste Geldschrankfabrik des Kontinents.
1852 Erfindung der Glockenisolatoren aus Porzellan für Telegraphendrähte.
1852 Erstes französisches Schraubenkriegsschiff von 140 Pferdekraft „Montebello".
1852 Erste öffentliche Volksbibliothek in Europa zu Manchester.
1853 **Schwann** in Lüttich erfindet den ersten Rettungsapparat mit Sauerstoff bei Grubengaserstickungen.
1853 Erstes System der Mehrfachtelegraphie auf einem Draht von **Giutl** erfunden.
1853 **Krupp** erhält am 21. März ein Patent auf nahtlose Radreifen für Eisenbahnräder.
1853 **St. Claive Deville** entdeckt ein Verfahren zur chemischen Gewinnung größerer Mengen von Aluminium.
1853 Das erste Schiff mit einer **Ericson**'schen Luftexpansionsmaschine, der „Ericson", macht am 15. Februar eine Probefahrt.
1853 **Auer** und **Worrig** in Wien erfinden das Verfahren des Naturselbstdruckes.
1853 Erster großer Versuch mit elektrischem Licht zur Straßenbeleuchtung in London.
1853 Erste öffentliche elektromagnetische Uhr in Brüssel am Rathaus.
1853 Erste norwegische Eisenbahn eröffnet am 1. Juli von Kristiania nach Stommen.
1853 Erste asiatische Eisenbahn, in Ostindien zwischen Bombay und Thana am 19. April eröffnet.
1853 Zweite und dritte Weltausstellung in Dublin und New-York.
1853 **Clark** erfindet die Rohrpost und richtet von der Londoner Börse die erste Linie nach der Zentralstation ein.
1853 Nadelnfabrikation mit automatischen Maschinen von **Milward** erfunden.
1853 Erster internationaler statistischer Kongreß.
1853 **Fizeau** erfindet den Kondensator für Induktionselektrizität.
1853 Gründung der Klavierfirma „**Steinweg & Sons**" in New-York.
1853 Eröffnung der ersten Kettenschleppschiffahrt heutiger Art, auf der Seine.
1853 Auffindung des größten brasilianischen Diamanten des „Stern des Südens" von 125 Karat.
1853 P. M. **Fischer** zu Schweinfurth, baut ein Fahrrad mit Tretkurbeln.
1853 Die letzte optische Telegraphenlinie Deutschlands Köln-Coblenz geht ein.

1853 **Mitteldorpf** führt die Galvanokaustik in die Praxis ein.
1854 **Bunsen** stellt Aluminium auf galvanischem Wege dar.
1854 **Sinsteden** erfindet den elektrischen Akkumulator.
1854 **Armstrong** erfindet die nach ihm benannten Geschütze.
1854 Einführung der Eisenbahn in Portugal, in Brasilien, und in Australien.
1854 Erfindung der Bandsäge.
1854 **Zimmermann** gründet die Chemnitzer Werkzeugmaschinenfabrik.
1854 Einführung der elektrischen Telegraphie in Spanien.
1854 **Gassiot** stellt zuerst die später von **Geissler** in Bonn gefertigten und nach im benannten Röhren her.
1854 **Guet** entdeckt das „geschichtete" Licht im elektrischen Ei.
1854 **Foucault** beweist die Richtigkeit der Undulationstheorie des Lichtes, durch die Verkleinerung der Lichtfortpflanzung unter Wasser.
1854 Erste magnetelektrische Maschine der Praxis, für Galvanostegie bei **Christofle** in Paris.
1854 **Neuburger** erfindet die Moderateurlampe.
1854 Anlage künstlicher Lagunen zur Gewinnung der Borsäure durch Bohrungen von **Manteri** in Durval.
1854 **Blüthner** gründet seine Klavierfabrik in Leipzig.
1854 **Kane** entdeckt das offene Polarmeer im Norden.
1854 Erste amerikanische Nähmaschine in Deutschland eingeführt.
1854 **C. Bourseul** gibt in einem Schreiben an **du Moncel** die Idee des Telephons klar an. (du Moncel, Exposé, 1857, Vol. III, S. 116.)
1854 Erste europäische städtische Pferdebahn zu Paris.
1854 Elektrisches Automobil von M. **Davidson** versucht.
1855 Die drei ersten (französischen) Panzerschiffe, finden im Krimkrieg am 17. Oktober vor Kinburn Verwendung.
1855 Vierte Weltausstellung, zu Paris.
1855 Eröffnung des Polytechnikums in Zürich am 15. Oktober.
1855 Erste Anwendung des elektrischen Lichtes im Felde von den Engländern bei Kinburn am 18. Oktober.
1855 Erste Petroleumlampe von A. C. **Ferris** in New-York erfunden.
1855 **Sörensen** erfindet die erste brauchbare Buchdrucksetzmaschine.
1855 **Bessemer** erfindet das nach ihm benannte Stahlbereitungsverfahren.
1855 Die Gebrüder **Fisken** in England erhalten am 9. Januar ein Patent auf den Balancierpflug mit Seilbetrieb und Lokomobilen.
1855 **Hansom** in Belfast erfindet die Kartoffelgrabmaschine.
1855 **Poggendorff** macht den ersten Vorschlag zu einem elektrolytischen Stromunterbrecher. — (Poggend., Annal., Bd. 94, S. 289.)
1855 **Foucault** erfindet die erste brauchbare (Typen-) Schreibmaschine.

1855 Vollendung der 1852 begonnenen Hängebrücke über den Niagara, 257 m lang, Hauptseile 16 cm Durchmesser.
1855 Abbé **Desprats** erfindet das photographische Trockenverfahren.
1855 **Dancer** in Manchester stellt zuerst mikroskopische Photographien her.
1855 **Michaux** versieht eine dreirädrige Draisine mit Tretkurbeln.
1856 **Perkins** entdeckt Anilinviolett und Anilinpurpur.
1856 Erste afrikanische Eisenbahn in Ägypten.
1856 **Wöhler** entdeckt kristallisiertes Bor.
1856 **Foucault** baut den ersten elektrolytischen Stromunterbrecher. — (Compt. rend., Bd. 43, S. 44.)
1856 **Grenet** konstruiert das galvanische Flaschenelement.
1856 Preisausschreiben der Kgl. Landwirtschaftlichen Gesellschaft in London von 500 Pfund Sterling auf einen Dampfflug.
1856 **Thomé** legt Napoleon ein Projekt zu einem Tunnel zwischen Frankreich und England vor.
1856 Erster Gußstahlhinterlader von **Krupp**.
1856 **Martin** erfindet durch Anwendung der **Siemens**'schen Regenerativfeuerung den sogenannten Siemens-Martin-Stahl.
1856 **Liebig** erfindet die versilberten Glasspiegel.
1857 **Bunsen** bestimmt für die Absorption der Gase durch Flüssigkeiten die Absorptionskoeffizienten.
1857 **Harrison** erfindet eine Eismaschine mit Ätherverdunstung.
1857 **Siemens** erfindet das Regenerativ-Gas-Feuerungssystem.
1857 **Geissler** verbessert die Quecksilberluftpumpe.
1857 **Field** geht mit dem ersten transatlantischen Kabel am 6. August in See, dasselbe riß aber schon bei der Legung am 11. August.
1857 **Hoffmann** erfindet das Ringofensystem für Ziegelbrennerei.
1857 Vollendung des Great Eastern, damals Leviathan genannt, dessen Bau 1852 begonnen; Beginn des Stapellaufs am 3. November, Ende am 31. Januar 1858!
1857 Gasmotor von **Bersanti** und **Matteucci**.
1857 H. H. **Meier** gründet den Norddeutschen Lloyd am 20. Februar.
1857 **Courtois** aus Nancy, **Tihay** und **Defrance** aus St. Dié nehmen das erste Patent auf Kugellager.
1857 **Col de Frejus** beginnt die Bohrungen am Mont Cenis-Tunnel.
1858 Fischguano zuerst in Norwegen bekannt.
1858 **Moncrieff** erfindet die erste Gegengewichtslafette.
1858 Der Norddeutsche Lloyd nimmt seinen Betrieb mit 4 Schraubendampfern auf: „Bremen" verläßt am 19. Juni Bremerhaven und langt am 4. Juli in New-York an.
1858 **Hofmann** entdeckt das „Fuchsin", Anilinrot.
1858 Vollendung des zehnwöchentlichen Stapellauf des Great-Eastern am 31. Januar.
1858 Erste Anwendung der Photographie auf Sternwarten.
1858 **Sorby** begründet die mikroskopische Geologie.

1858 **Giffard** konstruiert den ersten brauchbaren Injektor zum Speisen des Dampfkessels.
1858 J. **Fowler** erhält auf seinen Dampfpflug den 1856 ausgesetzten Preis.
1858 **Czermak** wendet den Kehlkopfspiegel zuerst zu Untersuchungen an.
1858 Nach einem verunglückten Versuch im Frühling wird am 5. August ein transatlantisches Kabel gelandet, auf dem am 7. das erste Telegramm von der alten zur neuen Welt gelangt: Europe and America are united by telegraph. Glory to God in the highest: on earth peace, good — will towards men. — Am 1. September aber versagte das Kabel schon.
1858 **Dagron** in Paris erfindet die Bijouterieartikel (Federhalter etc.) mit mikroskopischen Photographien.
1859 **Lightfoot** entdeckt Anilinschwarz.
1859 **Lesseps** beginnt den Bau des Suezkanals am 25. April zu Port Saïd.
1859 Erste Anwendung eines Taucherschiffes bei der Rheinregulierung bei St. Goar.
1859 Zufällige Erbohrung der ersten Petroleumquelle zu Oil-Creek in Amerika im August. Anfang der Petroleumindustrie.
1859 **Darwin**'s Gesetz über die Bildung der Arten veröffentlicht.
1859 **Helmholtz** erfindet den Resonator zum besseren Hörbarmachen der Obertöne.
1859 Stapellauf des ersten größeren (französischen) Panzerschiffes „la gloire": Panzer 12 cm.
1859 **Ebner** erfindet die elektrischen Beobachtungsminen für den Seekrieg.
1859 Dampfautomobil des Marquis von **Staffort**.
1860 **Whitehead** erfindet den „Fischtorpedo", den ersten automobilen Torpedo.
1860 Gründung der ersten europäischen Gummischuhfabrik zu Edinburgh.
1860 **Kirchhoff** und **Bunsen** begründen die Spektralanalyse und entdecken damit das Cäsium.
1860 **Planté** konstruiert den ersten brauchbaren elektrischen Akkumulator. — (Compt. rend., Bd. 50, S. 640.)
1860 Aufstellung der ersten **Lenoir**'schen Gaskraftmaschinen zu Paris und Karlsruhe; das erste brauchbare System, nach dem ihm am 24. Januar erteilten Patent.
1860 **Amici** erfindet das gradlinige Spektroskop.
1860 **Carré** erfindet die Ammoniakeismaschine mit Absorption.
1860 Erste türkische Eisenbahn am 4. Oktober von Kustendje nach Czernowoda eröffnet.
1860 **Griefs** entdeckt die Azofarbstoffe.

1860	**Kirchhoff** stellt das Gesetz des Lichtemissions- und Absorptionsvermögens auf.
1860	F. **Walton** erfindet das Linoleum.
1860	Erste Pferdebahn Europas zu Birkenhead in England.
1861	Inbetriebsetzung des großen 50000 kg-Hammers bei **Krupp** am 16. September.
1861	**Girard** und d e **Laire** entdecken Anilinblau.
1861	Erste erfolgreiche Anwendung von Dampfstraßenwalzen in Paris.
1861	Erstes amerikanisches Patent auf Rollenlager.
1861	**Baeyer** schlägt die erste kombinierte Breiten- und Längengradmessung zur Bestimmung der Krümmungsverhältnisse des mittleren Europas vor.
1861	**Testud de Beauregard** führt überhitzten Dampf als Betriebskraft ein.
1861	v o n **Dücker** in Bochum erbaut die erste Drahtseilschwebebahn.
1861	**Weston** erfindet den ersten Kettenflaschenzug.
1861	Erstes englisches Panzerschiff „Varrior", zugleich das erste eiserne Kriegsschiff; Panzer 11,4 cm.
1861	**Gatling** erfindet die erste nach ihm benannte Schnellfeuerkanone.
1861	**Reis** hält seinen ersten Vortrag über sein Telephon am 26. Oktober zu Frankfurt a. M.
1861	Erste Anwendung der elektrischen Telegraphie zu Kriegszwecken im Felde, am 11. Juli, beim amerikanischen Bürgerkrieg.
1862	Die erste Kuhmelkmaschine wird auf der Londoner Ausstellung vorgeführt.
1862	**Riggenbach** nimmt das Zahnradsystem für Bergbahnen auf.
1862	Erhebung des Kollegiums zu Braunschweig von 1745 und der Stuttgarter Schule von 1840 am 2. Januar zu Technischen Hochschulen.
1862	**Wöhler** stellt zuerst Acetylen dar.
1862	**Poper** hinterlegt am 6. November bei der Akademie zu Wien ein Schreiben, in dem die elektrische Kraftübertragung als die vorteilhafteste, zuerst vorgeschlagen wird.
1862	**Keck** in Nymphenburg versieht das **Baader**'sche Zweirad (s. 1820) mit Tretkurbeln.
1862	**Kirk** baut die erste größere Eismaschine nach **Gorrie**.
1862	Kgl. Technische Institut (Hochschule) zu Mailand gegründet am 13. November.
1862	**Otto** versucht seinen ersten Gasmotor.
1862	5. Weltausstellung zu London.
1862	Im Nordamerikanischen Kriege greift die mit einem Panzer aus Eisenbahnschienen versehene „Merrimac" am 9. März den von **Ericson** in 100 Tagen erbauten Panzer „Monitor" an; erstes Panzergefecht.
1863	1. Rohrpost für Pakete in London.

1863 Anilingrün von **Hofmann** (Jodgrün) und von **Cherpin** (Aldehydgrün) entdeckt.
1863 Anilingelb entdeckt von **Eusèbe**.
1863 Eröffnung der unterirdischen Eisenbahn in London im Januar.
1863 Sklavenemanzipation in den Vereinigten Staaten von Nordamerika am 22. November.
1863 Erstes österreichisches Industriemuseum.
1863 Mehrfachtelegraphie auf einem Draht von **Maron**.
1864 Erste größere Eisenbahnbrücke bei Koblenz über den Rhein; Spannung 100 m.
1864 Zulassung des Metermaßes in England am 29. Juli.
1864 **Manzetti** zu Aosta konstruiert ein Telephon; am 5. Juli 1886 setzte man ihm dort ein Denkmal als „Erfinder" desselben.
1864 Erste Zerstörung eines Kriegsschiffes durch ein Unterseeboot; der „Housatonik" sinkt am 18. Februar vor Charleston.
1864 **Britneff** baut den ersten Eisbrecherdampfer.
1864 **Lallement** versieht die von **Michaux** verbesserte zweirädrige Draisine mit Tretkurbeln.
1865 W. **Casselmann** entdeckt das nach ihm benannte arsenfrei Grün.
1865 **Ruhmkorff** erhält den seit 1855 ausstehenden Voltapreis auf seinen Funkeninduktor von 1850.
1865 **Toepler** konstruiert die erste Influenzelektrisiermaschine. — Pogg. Ann., Bd. 125. S. 469); kurz hernach veröffentlicht **Holtz** eine ähnliche Maschine — (ebenda Bd. 126. S. 157).
1865 **Stephan** legt der Postkonferenz am 30. November sein Projekt zur Postkarte („Postblatt" genannt) vor.
1865 J. v. **Liebig** erfindet den Fleischextrakt.
1865 St. **Caire-Deville** und **Troost** stellen kristallisiertes Zirkon dar.
1865 Erste deutsche Pferdebahn. Berlin-Charlottenburg.
1865 Zu Stettin findet eine „Weltausstellung" statt, der erste, aber mißglückte Versuch in Deutschland.
1865 Am 24. Juni geht die „Great Eastern" mit einem neuen transatlantischen Kabel in See, welches aber am 2. August reißt und versinkt (s. 1867).
1865 Dampfdreirad von **Cooke** und Söhne in York.
1865 **Thévenon** in Lyon baut das erste Fahrrad mit (vollen) Gummireifen.
1865 A. **Roussile** entdeckt das Aufblähen des angezündeten Rhodanquecksilbers; die Entdeckung benutzt der Salonzauberer **Clevemann** sogleich zur sogenannten Pharaoschlange.
1865 Grundsteinlegung zur Techn. Hochschule zu Aachen am 15. Mai.
1866 **Rieter** erbaut die große Drahtseiltransmission am Rheinfall von Schaffhausen; 760 P.S.
1866 Rohrpost in Paris.
1866 Stroboskopische Trommeln in Amerika erfunden.

1866 Eröffnung der ersten Kettenschleppschiffahrt in Deutschland, bei Magdeburg.
1866 Antiseptische Wundbehandlung von J. **Lister** erfunden.
1866 Erfindung der Mitrailleuse.
1866 E. W. **Siemens**, und zwei Wochen darauf **Wheatstone**, findet durch Umkehrung des Elektromotors die Dynamomaschine (s. 1867).
1866 Neue Kabellegung von Europa nach Amerika vom 7. bis 27. Juli; in Betrieb genommen am 4. August; 1877 außer Betrieb.
1866 **Hughes** erfindet den Typendrucktelegraphen.
1866 Das Berliner Technische Institut erhält den Namen Gewerbeakademie. (S. 1871.)
1867 E. W. **Siemens** veröffentlicht am 17. Januar durch **Magnus** die Theorie der von ihm 1866 erfundenen „Dynamo-Maschine". — (Monatsberichte der Akademie, Berlin 1867. S. 55.)
1867 **Ladd** in England baut die erste Dynamo.
1867 Beginn der europäischen Gradmessung nach den Vorschlägen **Baeyer's** von 1861.
1867 **Maddison** baut die ersten Fahrräder mit Drahtspeichen.
1867 Dynamit von A. **Nobel** erfunden.
1867 Atmosphärische Gaskraftmaschine von **Otto**.
1867 Anfertigung der ersten Stahlpanzerplatte.
1867 **König** und **Bauer** erfinden die Zweifarbendruckpresse.
1867 **Sholes** erfindet eine Schreibmaschine (s. 1873).
1867 6. Weltausstellung zu Paris.
1867 Strickmaschine von **Lamb** erfunden.
1867 Hebung des 1865 versunkenen Kabels am 2. September; es läßt sich auf demselben sogleich nach England telegraphieren; ein damit verbundenes neues Ende wird am 8. in Amerika gelandet und bleibt bis 1873 in Betrieb.
1868 **Gräbe** und **Liebermann** entdecken die Bereitung künstlichen Alizarins aus dem Anthracen.
1868 Der französische Panzer „Cheops", der später in Preußen „Prinz Adalbert" hieß, erhält von Ingenieur **Haedicke** unter einen Panzerdrehturm Kugellager mit abwechselnd kleinen und großen Kugeln.
1868 **Overmars** erfindet das Pumprad.
1868 Safranin eine Anilininfarbe von **Perkins** entdeckt.
1868 **Leclanché** konstruiert das nach ihm benannte galvanische Element. — (Dingler's Journal Bd. 1806.)
1868 **Fell**'sche Eisenbahn mit wagerechten an einer Mittelschiene laufenden Triebrädern, am Mont Cenis.
1868 Erhebung der Darmstädter Gewerbeschule von 1836 zur Polytechn. Schule.
1868 Erhebung der technischen Schule zu München zur Hochschule.
1868 **Mayo** erfindet die perforierten hölzernen Stuhlsitze.
1868 Gewerbefreiheit im Gebiet des Norddeutschen Bundes am 8. Juli.

1868	**Michaux** in Paris versieht seine Fahrräder mit einer Bremse; **Bradfort** in Amerika verwendet Gummireifen und **Bown** in Birmingham Kugellager dazu.
1868	Das am 7. Juli zu Tegel stattfindende Wettschießen zwischen Geschützen von **Armstrong** und **Krupp** zeigt die letzteren durch nachstehendes Resultat überlegen: Abgesehen von größerer Wirkung, hielt dies Versuchsgeschütz 676 Schuß, das englische nur 259 Schuß aus.
1869	Fesselballon **Giffard** in Paris.
1869	Nachdem am 26. Januar **Herrmann** eine Postkarte, deren Wortzahl nur 20 betragen durfte, in der Neuen Freien Presse vorgeschlagen, gab Österreich am 1. Oktober (nach Verfügung vom 22. September) die ersten Korrespondenzkarten nach den Vorschlägen **Stephan's** von 1865 heraus.
1869	Eröffnung des Suezkanales am 16. November.
1869	**Mège-Mouriès** erfindet die Kunstbutter.
1869	Ausführung der von seinem Vater Johann projektierten Hängebrücke über den East River durch W a s h i n g t o n **Röbling**. — (Siehe 1880.)
1869	Erste Diamantfunde in Süd-Afrika.
1869	Erste Eisenbahnen in Griechenland und Rumänien.
1869	**Pollok** erfindet die Ziegelpresse.
1869	Die Gebrüder **Hyatt** erfinden das Celluloid.
1869	**Ungerer** stellt die Holzcellulose mittels Natronlage dar.
1869	J. **Albert** erfindet den Lichtdruck.
1869	Erste Anwendung der elektrischen Scheinwerfer auf Schiffen, auf dem französischen Postdampfer Saint-Laurent.
1869	**Trefz** in Stuttgart baut das erste Zweirad mit Hinterradantrieb.
1869	**Meyer** in Paris baut die ersten Fahrräder mit Eisengestellen an Stelle des Holzes.
1870	**Bunsen** erfindet ein sehr genaues Eiskalorimeter.
1870	Erste Spielwarenindustrieschule zu Seifen gegründet.
1870	Ausgabe der ersten Korrespondenzkarten in Deutschland (Norddeutsches Postgebiet) am 6. Juni.
1870	A. **Schwartz** in Oldenburg druckt am 16. Juli die erste Bilderpostkarte.
1870	**Dagron** wendet sein Verfahren der Mikrophotographie zuerst im deutsch-französischen Krieg zur Beförderung von Depeschen durch Brieftauben an.
1870	Vollendung des 1857 begonnenen 12234 m langen Mont-Cenis-Tunnels am 25. Dezember.
1870	Eröffnung der Technischen Hochschule zu Aachen am 10. Oktober.
1870	Eröffnung der neuen Kgl. Bergakademie zu Berlin am 22. Oktober. (S. 1770.)
1870	A. **Weinhold** beweist die Übertragbarkeit der menschlichen

Stimme durch straffgespannte Drähte auf 600 m Entfernung. (S. 1667.)
1870 Die Niederlande schaffen ihr Patentgesetz am 1. Januar ab.
1870 Erste öffentliche elektrische Feuermelder, in New-York.
1870 Erste Verwendung von Fahrrädern im Kriege zwischen den Forts und der Stadt Belfort seitens der Franzosen während der Belagerung.
1871 J. **Heberlein** erfindet die nach ihm benannte Eisenbahnbremse.
1871 Eröffnung der ersten Zahnradbahn, auf den Rigi von Vitznau aus am 21. Mai.
1871 Die Gewerbeakademie zu Berlin von 1866 erhält akademische Verfassung. (S. 1779.)
1871 Gründung der „Große Berliner Perdeeisenbahn-Aktiengesellschaft", die jetzige „Große Berliner Straßenbahn." (S. 1873.)
1872 **Edelmann** stellt das erste nach Stromstärke geeichte Galvanometer her.
1872 „Distrikttelegraphen" in amerikanischen Großstädten zur Herbeiholung der Polizei, Feuerwehr, Boten etc. seitens der Abonnenten.
1872 Erste Eisenbahn in Japan eröffnet.
1872 Neugründung der Universität zu Straßburg am 28. April.
1872 Einführung des Metermaßes in Deutschland am 1. Januar.
1872 Pferdebahnen in Leipzig und Hannover eröffnet.
1873 Eröffnung der Pferdebahn zu Wien und Berlin.
1873 **Bollécpère** erhält im April ein Patent auf ein Dampfautomobil.
1873 **Thornycroft** baut das erste schnelllaufende Torpedoboot, in England.
1873 In Mexiko findet die letzte Hexenverbrennung statt.
1873 **Esmarch** erzeugt zuerst künstliche Blutleere.
1873 **Remington & Sons** bauen die Schreibmaschine von **Sholes**.
1873 Erste Schlafwagenlinie Deutschlands, Berlin-Köln-Ostende.
1873 7. Weltausstellung zu Wien, auf derselben wird die erste praktische elektrische Kraftübertragung gezeigt.
1873 **May** entdeckt die elektrische Widerstandsveränderung des belichteten Selens; die Entdeckung wird am 12. Februar veröffentlicht.
1873 Radiometer von **Crookes** erfunden.
1873 Imprägnierverfahren für Telegraphenstangen von Bouchernie eingeführt.
1873 Das 1559 gegründete Institut zu Genf wird zur Universität erhoben.
1874 Vertragsabschluß des Weltpostvereins am 9. Oktober zu Bern.
1874 Ausgang der „Challenger"-Expedition in die Südsee, und derjenigen der Korvette „Gazelle".

1874 Salicilsäure von **Kolbe** künstlich dargestellt.
1874 Eröffnung der Universität zu Agram.
1874 Die 1814 eröffnete Schule zu Graz wird zur K. K. Techn. Hochschule erhoben.
1874 Mehrfachtelegraphie auf einem Draht von **Edison**.
1874 A. de la **Bastie** erfindet das Hartglas.
1875 Rohrpost in Wien.
1875 **von Löhr** in Wien erfindet die sich durch das Gehen selbst aufziehende Taschenuhr.
1875 17 Staaten schließen am 20. Mai zu Paris einen Vertrag zur Einführung des Metermaßes.
1875 Erste Höllenmaschine mit Dynamitladung von **Thomas**, die sich am 11. Dezember in Bremerhafen vorzeitig entlud.
1875 **Kaps** erfindet des Pianoforte mit Kreuzmechanismus.
1875 Erste deutsche Zeitballstation zu Cuxhaven.
1875 Universität Czernowitz gegründet.
1875 Buchdrucksetzmaschine von **Green & Burr**.
1876 Eröffnung des ersten Krematoriums, zu Mailand.
1876 Rohrpost in Berlin.
1876 **Linde** in München erfindet die Ammoniak-Eismaschine mit Kompression.
1876 Anfang des modernen Fahrradbaues (Dreiräder) in England.
1876 Erste Eisenbahn in China zwischen Shanghai und Kiang-wan am 30. Juni, die 1877 zerstört wurde.
1876 8. Weltausstellung zu Philadelphia.
1876 Elektrische Kerze von **Jablotschkoff**.
1876 Elektrische Sprengung von Hallets Point Riff im Hell Gate (Hafen von New-York) durch 3676 Bohrlöcher mit 21 673 kg Dynamit am 24. September.
1876 **Bell** meldet einen Telephonapparat zum Patent an am 14. Februar.
1877 **Hirschberg** fertigt den ersten brauchbaren Elektromagneten zum Ausziehen von Eisensplittern aus dem Auge. — (Berlin. klin. Wochenschr., 1883, No. 5.)
1877 Technische Hochschule zu Porto gegründet.
1877 Bau der ersten Betonbrücke in Deutschland.
1877 **Bell** veröffentlicht sein Telephon am 6. Oktober.
1877 Einrichtung des ersten Telegraphenamtes mit Fernsprechbetrieb in Deutschland am 12. November 1877 zu Friedrichsberg bei Berlin.
1877 Erste dauernde elektrische Straßenbeleuchtung mit Bogenlicht (**Jablotschkoff**'schen Kerzen), auf der Avenue de l'Opera zu Paris, am 13. Oktober begonnen.
1877 Eröffnung der ersten größeren pneumatischen Uhrenanlage, am 24. Februar zu Wien durch **Meyerhofer**.
1877 **Marignac** entdeckt das Ytterbium.

1877 **Pictet** verdichtet Kohlensäure, Sauerstoff, Wasserstoff und atmosphärische Luft zuerst zu tropfbaren Flüssigkeiten.
1877 Erster Versuch zum Telegraphieren und Telephonieren auf demselben Draht zur gleichen Zeit.
1877 Erste Schnellladekanone von **Nordenfelt**.
1877 Erhebung der Darmstädter Polyt. Schule zur Technischen Hochschule.
1877 Charles **Cros** legt am 30. April die Idee des Phonographen bei der Pariser Akademie nieder, wo sie am 3. Dezember eröffnet wird.
1878 Eröffnung des ersten deutschen Krematoriums zu Gotha.
1878 **Bollé** baut seine Dampfdroschke genannt „Marcelle", mit der er eine Dauerfahrt Paris-Wien machte.
1878 Stadtfernsprecheinrichtungen in Nordamerika.
1878 Erster „geräuschloser" Gasmotor von **Otto**.
1878 **Edison** erfindet seinen Phonographen auf den er im Januar ein Patent erhält.
1878 Neunte Weltausstellung zu Paris.
1878 **Green** versucht eine elektrische Straßenbahn in Amerika.
1879 Vereinigung der Bauakademie von 1799 mit der Gewerbeakademie von 1866 zur Kgl. Technischen Hochschule zu Berlin-Charlottenburg am 17. März.
1879 **Thomas** erfindet die Entphosphorung des Eisens im Konverter.
1879 Erste elektrische Bahn der Erde, auf der Berliner Gewerbeausstellung, von **Siemens**; Länge 300 m.
1879 Differentialbogenlampe von v. **Hefner-Alteneck**.
1879 Erste elektrische Bogenlichtbeleuchtung mit geteiltem Licht: von einer Maschine werden mehrere Bogenlampen in der Berliner Passage gespeist.
1879 Elektrische Glühlampe von **Edison** in die Praxis eingeführt.
1879 Das 1831 gestiftete Institut in Hannover wird am 1. April zur „Technischen Hochschule" erhoben.
1880 Erbauung der ersten elektrischen Bahn von Berlin nach Lichterfelde durch **Siemens**, die am 15. April 1881 eröffnet und am 15. Mai dem Betrieb übergeben wurde, zugleich projektiert **Siemens** eine elektrische Hochbahn für Berlin.
1880 Durchbruch des 14,92 km langen Gotthard-Tunnels am 29. Februar.
1880 Vollendung der 1869 begonnenen East-River-Brücke zu New-York, Spannweite 486 m, Drahtseile 39 cm Durchmesser.
1880 Eröffnung des ersten schweizerischen Telephonamtes in Zürich am 31. Dezember.
1880 **Bell** erfindet das Photophon, das er am 11. Oktober der Pariser Akademie vorführt.
1880 **Voss** erfindet die selbsterregende Influenzelektrisiermaschine.
1880 Inbetriebsetzung der ersten elektrischen Glühlichtanlage der Praxis auf dem Dampfer Columbia, im Mai durch **Edison**.

1880 **Raydt** in Hannover erfindet die Kohlensäurefeuerspritze, die durch **Dittmann** in Bremen von 1889 an eingeführt wurde.
1880 **Scheibler** in Berlin erfindet das rauchlose Schießpulver.
1880 Elektrische Bogenlampe von **Krizik**.
1880 Eröffnung des Technologischen Gewerbemuseum zu Wien.
1880 Elektrischer Schmelzofen von Werner **Siemens**.
1881 Erste internationale Ausstellung für Elektrizität, zu Paris am 10. Aug. eröffnet; zugleich erster Elektrikerkongreß vom 15. Sept. bis 5. Oktober, der am 21. September nach Vorschlägen von **Gaufs** und **Weber** die Einheiten Ampère, Coulomb, Farad (legales), Ohm und Volt annimmt.
1881 **Bidwell** erhält die ersten gelungenen Fernbildtelegraphien.
1881 Erstes europäisches Städtisches Elektrizitätswerk zu Cookermouth in England.
1881 Festsetzung des „Centimeter-Gramm-Sekunden-Systems" am 21. September auf dem Elektrikerkongreß zu Paris.
1881 Elektrischer Aufzug von **Siemens & Halske**.
1881 Eröffnung des ersten Stadtfernsprechamtes in Deutschland zu Berlin am 12. Januar.
1881 **Faure** verbessert den elektrischen Akkumulator durch „Formierung" der Platten. — (Compt. rend., Bd. 92, S. 951.)
1881 Anfang der Arbeiten am Panamakanal an 1. Februar.
1881 **Schields** in Schottland führt die den Alten schon bekannte Wellenberuhigung durch Öl wieder ein.
1881 E. **Feuer-Matter** in Basel gibt die erste Ansichtskarte aus.
1881 **Raffart** baut die ersten elektrischen Automobile mit Akkumulatoren; das größte für 50 Personen steht im Conservatoire de arts et métiers.
1882 **Hippesley** macht auf der Insel Wight gelungene Versuche mit drahtloser Nachrichtenvermittlung durch Telephone unter Zuhilfenahme langer paralleler Drahtstrecken.
1882 Eröffnung der Gotthardbahn am 22. Mai.
1882 **Koch** entdeckt den Tuberkulosebacillus.
1882 Telephonische Opernübertragung von **Berliner**.
1882 Erste Dreifach-Expansionsmaschine auf dem Schiff „Aberdeen".
1882 Erste elektrische Grubenbahn zu Zaukerrode.
1882 Transformator von **Goulard** und **Gibbs**.
1882 Einführung der definitiven elektrischen Straßenbeleuchtung zu Berlin.
1882 Erstes Exportmusterlager zu Stuttgart.
1882 Elektrische Kraftübertragung mit Gleichstrom von **Deprez** auf der 2. internationalen Elektrizitätsausstellung zu München.
1882 Eröffnung der internationalen Polarforschung am 1. August.
1882 Beginn der ganz aus Stahl erbauten Forthbrücke, vollendet 1889; Länge 2465 m.
1882 Lazare **Weiller** erfindet das Siliciumkupfer. D.R.P. 20667.

1882	Erste Glühlichtanlage Deutschlands durch E. **Rathenau** bei W. **Büxenstein** in Berlin am 12. April eröffnet.
1882	Belgien führt am 15. Februar zuerst Kartenbriefe ein.
1882	Erstes elektrisch beleuchtetes Theater des Kontinents zu Brünn.
1883	**Lenström** erzeugt künstliches Nordlicht.
1883	v. **Hefner-Alteneck** erfindet die Amylacetatlampe.
1883	**Jenkin** erfindet die elektrische Hängebahn (Telpherage).
1883	Gründung der „Union international pour la protection de la proprieté industrielle" am 20. März zu Paris.
1883	Autotypie von **Meisenbach**.
1883	Aufstieg des ersten elektrischen Ballons am 8. Oktober, von **Tissandier**.
1883	Gründung der „Deutschen Edison-Gesellschaft" am 19. April.
1883	**Koch** entdeckt den Cholerabacillus.
1883	Schnellfeuergeschütz von H. **Maxim**.
1883	Amerika führt zuerst die Einheitszeit ein.
1883	Reinzuchtshefe für Bazillen von **Hansen**.
1883	**Poetsch** in Aschersleben erfindet das Gefrierverfahren zu Gründungen im Schwimmsand.
1883	Douglas **Archibald** macht seit 1752 wieder die erste wissenschaftliche Anwendung vom Drachen, zur Bestimmung der Zunahme der Windgeschwindigkeit.
1883	**Renard** erfindet die Tangentialspeichen zu Fahrrädern.
1884	**Longridge** erfindet die Drahtgeschütze.
1884	Erste österreichische elektrische Straßenbahn von Mödling nach Vorderbrühl; die erste mit Oberleitung.
1884	Beginn des Panamakanales.
1884	Eröffnung der elektrischen Bahn nach Offenbach am 10. April, der ersten mit Oberleitung in Deutschland.
1884	Vierfachexpansionsmaschinen auf Schiffen.
1884	Lenkbares elektrisches Luftschiff von **Renard** und **Krebs**; Probefahrt am 9. August.
1885	Gründung des Zeitungsmuseums zu Aachen.
1885	Eröffnung des ersten Berliner Elektrizitätswerkes für Stromabgabe an Private im August durch die Allg. Elektr. Ges.
1885	Wechselstrom-Transformatoren-System nach **Zipernowsky, Deri** und **Blathy**.
1885	Elektrolytische Aluminiumdarstellung von den Gebrüder **Cowles**.
1885	**Auer von Welsbach** erfindet das Gasglühlicht.
1885	J. **Bobson** erfindet den Gashammer, ein analog dem Dampfhammer durch Glasexplosion betriebenes Fallwerk.
1885	**Starley & Sutton** in Coventry bauen das erste Sicherheitszweirad des heutigen Typus. (Rover genannt.)
1885	Elektrische Sprengung des Flood-Rock im Hafen von New-York durch 17561 Bohrlöcher mit 19201 kg Dynamit am 10. Oktober.

1886	**Deprez** versucht die Kraftübertragung mit hochgespannten Gleichströmen.
1886	Das elektrische Boot „Volta" fährt von Dover nach Calais.
1886	Beginn der internationalen Erdmessung.
1886	Gründung der deutschen Militärluftschiffahrt.
1886	Kontinuierliches Aluminium-Darstellungsverfahren von **Heroult**.
1886	**Moissan** stellt Fluor dar.
1886	C. **Benz** erhält das erste deutsche Patent auf ein Benzinautomobil, vom 29. Januar.
1886	Rollbahn „Trottoir roulande" von **Blot** erfunden.
1887	**Smith** und **Granville** machen den ersten Versuch mit der Hydrotelegraphie auf der Insel Wight. — (Elektrot. Zeitschr., Berlin 1892, S. 674.)
1887	Beginn des Eiffelturmes am 28. Januar.
1887	Grundsteinlegung zum Kaiser-Wilhelm-Kanal am 3. Juni.
1887	Nachtfahrten durch den Suezkanal mit elektrischem Licht gestattet.
1887	Gründung der „Physikalisch-Technischen Reichsanstalt" zu Berlin.
1887	**Gülcher** versieht die Thermosäule mit Gasheizung.
1887	**Edison** erfindet das Dreileitersystem zur elektrischen Stromverteilung.
1887	Gründung der „Allg. Elektriz.-Gesellsch." Berlin am 23. Mai.
1887	Buchdrucksetzmaschine von **Mc. Millan**, die erste für gemischten Satz.
1887	Erste Straßenbahn mit Rollenkontakt, in Amerika.
1888	**Ferraris** entdeckt das rotierende elektrische Feld und konstruiert den Zweiphasenmotor.
1888	Mehrphasenmotor von **Tesla** erfunden.
1888	M. von **Dolivo-Dobrowolsky** erfindet den Drehstrommotor.
1888	**Hertz** weist nach, daß Elektrizität eine Schwingungsform des Äthers ist.
1888	A. **Tenner** in Berlin erfindet das Drahtglas.
1888	Leuchtgasverkaufantomaten kommen in England auf.
1888	Probefahrt des elektrischen Unterseebootes „Gymnote" im Hafen von Toulon am 17. November.
1888	W. & H. **Rettig** erfinden die Stufenbahn.
1888	**Dunlop** in Dublin erfindet den Luftreifen für Fahrräder.
1888	Erste elektrische Vollspurbahn, South City Railway in London.
1888	Stapellauf des 1. Dynamitkreuzers am 28. April in Amerika.
1889	**Lavavasseur** erfindet den biegsamen Metallschlauch.
1889	Vollendung des Eiffelturmes. (Siehe 1887.)
1889	Gesellschaft deutscher Naturforscher und Ärzte aus der 1822 von **Oken** „begründeten Versammlung" gegründet.
1889	Gründung der Universität zu Freiburg in der Schweiz am 4. Oktober, Eröffnung am 4. November.

1889	du **Bois-Reymond** gelingt die Kraftübertragung mit Wechselströmen.
1889	Einstellung der Arbeiten am Panamakanal am 14. März.
1889	Erste elektrische Hinrichtung, zu New-York.
1889	Vollendung der Forthbrücke am 9. Dezember; 2 Spannungen à 518,2 m.
1889	**Hersent** und **Schneider**-Creusot projektieren eine Brücke über den Kanal; Länge 38,6 km mit 118 Pfeilern von 182 m ganzer Höhe.
1889	10. Weltausstellung zu Paris.
1889	Erste Stufenbahn von **Rettig** 160 m lang zu Münster.
1889	**Köchlin** legt am 16. Oktober das erste Projekt einer Jungfraubahn mit hydraulischem Betrieb vor.
1890	Beginn des internationalen Sternkataloges für 20 000 000 Sterne.
1890	Schlußsteinlegung des Ulmer Münsters am 31. Mai; mit 161 m der höchste Kirchturm der Erde.
1890	Erste elektrisch betriebene Kirchenorgel zu Neu-York.
1890	Erbauung des höchsten Kamins auf der Halsbrückner Hütte bei Freiberg i. S.; 140 m hoch.
1890	Gründung der Universität zu Lausanne, aus dem 1537 gegegründeten Kolleg.
1890	**Branly** erfindet das für die Strahlentelegraphie benutzte, mit Metallspähnen gefüllte und durch elektrische oscillatorische Funken in seinem Leistungswiderstand veränderliche B r a u l y'sche Rohr (Coherer oder Frittröhre).
1890	**Gehring** erfindet das Heilserum.
1890	Synthese des Traubenzuckers von E. **Fischer**.
1890	O. **Anschütz** erfindet den Schnellseher.
1890	Erste kombinierte Buchdrucksetz- und Ablegemaschine von **Paige**.
1890	Erste elektrische Straßenbahn Deutschlands mit Rollenkontakt in Bremen.
1891	Elektrische Lokomotive von **Heilmann** veröffentlicht am 23. April.
1891	Drehstromkraftübergang Lauffen-Frankfurt a. M. = 175 km, 180 PS, primär 50 V., 1400 A., sec. 30000 V., 3 Drähte à 4 mm.
1891	E. G. **Acheson** erfindet das von ihm Carborumdum genannte Siliciumcarbid (Chemiker Zeitung, Cöthen, 1902 Nr. 56).
1891	Erster elektrischer Straßenbahnwagen mit Akkumalatorenbetrieb, in Dresden versucht.
1892	Hochspannungsströme von **Tesla**.
1892	**Edison** nimmt ein Patent auf einen Apparat „mit dem zwischen zwei entfernten Stationen elektrisch telegraphiert werden kann, ohne daß hierzu eine Leitung nötig wäre". — (Mitteil. aus d. Gebiet d. Seewesens. 1892, S. 152). Der Apparat funktioniert durch elektrostatische Induktion.

1892 **Preece** wendet elektrodynamische Induktion zur „drahtlosen Telegraphie" an. — (Elektrot. Zeitschrift., Berlin 1894, S. 139.)

1892 Am 28. April schießt ein **Krupp**'sches 24 cm Geschütz zu Meppen mit einer Ladung von 115 kg Pulver ein Geschoß von 215 kg 20226 m weit; die Scheitelhöhe der Flugbahn dieses weitesten Schusses betrug bei 44° Erhöhung 6540 m, die Zeit des Fluges 70,2 Sekunden.

1892 Erster Versuch einer geleislosen elektrischen Straßenbahn durch **Siemens** und **Halske**.

1892 **Luhrig** baut den ersten Gaskraftstraßenbahnwagen für Dresden.

1892 **Bessemer** erweitert sein Verfahren zum Auswalzen endloser Bleche aus flüssigem Metall auf Stahlbleche.

1892 C. G. **Atcheson** zu Monongahela (Pennsylv) erhält zuerst Carborund.

1892 **Schützenberger** macht am 16. Mai das Carborund bekannt.

1893 Columbische (11.) Weltausstellung zu Chicago auf dem damit verbundenen Elektrikerkongreß werden die Einheiten Henry, Joule, (internatinales) Ohm, Watt festgelegt.

1893 **Finsen** veröffentlicht die ersten Untersuchungen über die Heilwirkungen konzentrierten Lichtes.

1893 Errichtung des höchsten meteorologischen Observatorium in Europa, auf dem Mont Blanc.

1893 Einführung der sogenannten „mitteleuropäischen" Einheitszeit, in Deutschland durch Gesetz vom 12. März.

1893 Auffindung des größten aller Diamanten in Südafrika, Gewicht 971 3/4 Karat.

1893 Stapellauf des elektr. Unterseebootes „Gustave Zédé" in Frankreich am 1. Juli; Länge 40 m, 720 P.S., Tauchtiefe 20 m, Geschwindigkeit 8 Knoten.

1893 Stufenbahn von **Rettig** in Chicago, 1281 m lang.

1894 Eröffnung der äußeren Schleußentore am Nordostseekanel am 27. Oktober.

1894 **Behring** entdeckt das Diphteritisheilserum.

1894 **Rayleigh** und **Ramsay** entdecken Argon und Helium in der Atmosphäre.

1894 **Edison** erfindet das Kinetoskop.

1894 **Vassalo** in Genua findet eine größere Wirkung von durchlochten Segeln.

1894 W. **Jandus** zu Cleveland erfindet die Dauerbrandbogenlampe.

1895 Bei den österreichischen Herbstmanövern werden die ersten zusammenlegbaren und tragbaren Militärfahrräder verwendet.

1895 **Keller** zu Krippen i. Sachsen erfindet die Holzschleiferei zur Papierfabrikation.

1895 **Röntgen** entdeckt im Dezember die nach ihm benannten Strahlen, von ihm X-Strahlen genannt.

1895 Erste praktische Anwendung der Hydrotelegraphie auf Sandy-Hook. — (Elektrot. Zeitschr., Berlin, 1898., S. 256.)
1895 Vollendung des Kaiser-Wilhem-Kanales; Betriebsereröffnung am 21. Juni.
1895 Beginn des Baues der elektrischen Schwebebahn Elberfeld-Barmen nach dem System **Langen**.
1895 **Popoff** benutzt zuerst den Fritter um Gewitterentladungen damit zu registrieren; auch regte er die drahtlose Funkentelegraphie auf diese Art an.
1895 Erste deutsche elektrische Straßenbahn mit gemischtem Betrieb (Oberleitung und Akkumulatoren) eröffnet am 10. September.
1896 **Zehender** findet die Durchlässigkeit aller, auch der festen, Körper für den Äther.
1896 **Diesel** erfindet den nach ihm benannten Wärmemotor, der den Wirkungsgrad der Dampfmaschinen (= 12 %) um 18 % übertrifft.
1896 Eröffnung der elektrischen Kraftübertragung von den Niagarafällen nach Buffalo am 16. November; Spannung 11000 Volt, Entfernung 42 km.
1896 **H. Becquerel** entdeckt die nach ihm benannten Strahlen.
1896 Anfang der elektrischen Jungfrau-Bahn am 27. Juli.
1896 Abbringen des auf Grund geratenen russischen Panzers „Rossia" (12200 t Wasserverdrängung) durch Aufwühlen des Bodens mittels eines Wasserstrahles in der Zeit vom 19. November bis 15. Dezember.
1896 Beginn des Baues der elektrischen Hochbahn zu Berlin am 10. September.
1897 Ebbe und Flutmaschinen im Hafen von Ploumanach.
1897 **H. Ganswind** erfindet die Drahtachsenlagerung.
1897 Vollendung der 1893 begonnenen Brücke bei Müngsten am 22. März; Länge 488 m, Höhe 107 m, Spannweite 160 m.
1897 Beginn der Arbeiten am Nilstauwerke für 1065000000 cbm Wasser.
1897 **Andree** verlässt am 11. Juli mit 2 Genossen um $2^1/_2$ Uhr die Däneninsel nördlich von Spitzbergen, zur Überfliegung des Nordpoles im Luftballon.
1897 **Moore** erfindet das nach ihm benannte elektrische Glühlicht.
1897 **Marconi** telegraphiert mittels eines „drahtlosen" Systems am 13. Juli auf 7 km im Hafen von Brescia; später auf 15 km im Bristolkanal.
1897 Einführung der Kartenbriefe im Reichspostgebiet und Württemberg am 1. November, am 1. Dezember in Bayern.
1898 **Danilewsky** macht gelungene Flugversuche am 24. Juni.
1898 Eröffnung der ersten Strecke (bis Eiger 2343 m) der elektrischen Jungfraubahn am 19. September.
1898 Erste Ballonfahrt über die Alpen am 11. Oktober.

1898 Etylengewinnung mittels Elektrizität aus Hochofenschlacke und Koks in Nordamerika.
1898 von der Heydt erfindet das schwimmende Durchlaßwehr.
1898 Eröffnung der sibirischen Eisenbahn zwischen St. Petersburg und Tomsk am 20. März.
1898 Eröffnung der Kraftübertragungswerke zu Rheinfelden; 20 Turbinen-Dynamos à 840 PS.
1898 Erster Gebäudetransport in Deutschland, Dienstgebände der Eisenbahn zu Aschaffenburg.
1898 **Nernst** erfindet die nach ihm benannte elektrische Glühlampe.
1898 Beginn der Arbeiten am Simplontunnel am 11. August, der Bohrungen am 1. November. Vollendung gegen Mitte 1904.
1898 **Abraham** und **Marmier** legen in Lille das erste Werk zur Sterilisierung des Trinkwassers durch ozonisierte Luft an.
1898 Stapellauf des französischen Unterseebootes „Narval", Länge 34 m, 330 PS.
1898 Abbringen des auf Grund geratenen englischen Panzers „Victorious" (14900 t Wasserverdr.) durch Aufwühlen des Sandes mittels Wasserstrahl auf der einen und Absaugen des Schlammes auf der anderen Schiffseite. am 17. Februar im Hafen von Port Said.
1898 **Auer von Welsbach** erfindet die Osmiumglühlampe.
1898 **Buyten** in Düsseldorf erfindet das Verfahren zur Herstellung einer Reliefmaserung auf Holz.
1898 **P. Curie** und seine Frau scheiden aus der Pechblende das Polonium, eine radioaktive Substanz ab. (Compt. rend. 1898. 127. 175. Juli.
1898 **P.** und **Mm. S. Curie** entdecken mit **Bémont** das Radium, eine rodioaktive Substanz. (Compt. rend. 1898. 1215.)
1899 **Debierne** entdeckt das Actinium, eine radioaktive Substanz. (Compt. rend. 1899. 129. 593; 1900, 130, 906).
1899 de **Richter** entdeckt das Formalin.
1899 **Moser** in Berlin verbessert den Resonanzboden.
1899 **Zeiss** in Jena erfindet den stereoskopischen Distanzmesser.
1899 **Marconi** stellt am 27. März die erste Verbindung mittels drahtloser Telegraphie zwischen England und Frankreich her; am 8. April begrüßen sich mittels derselben die englischen und französischen Behörden, trotz eines großen Unwetters auf See; am 17. April wird die Verbindung England-Amerika ins Auge gefaßt.
1899 Stapellauf des ersten deutschen Kabelschiffes, am 8. Dezember.
1899 Gründung der „deutsch-atlantischen Telegraphengesellschaft" am 21. Februar zu Cöln.
1899 Eröffnung der elektrischen Untergrundbahn in Berlin im Dez.
1899 Eröffnung des Dortmund-Ems Kanals am 11. August.
1899 E. **Kellog** erfindet das elektrische Lichtschwitzbad.

1899 A. **Wehnelt** konstruiert den elektrolytischen Stromunterbrecher.
1899 Vollendung des transatlantischen Dampfers „Oceanic", Länge 214,58 m, Breite 20,83 m, 28500 t Wasserverdrängung. 25000 Pferdekraft.
1899 Eröffnung der Jungfraubahn bis Rothstock am 3. August.
1899 **Hülsberg & Co.** erfinden die Methode zur Imprägnierung feuersicheren, nichthygroskopischen und fäulnisbeständigen Holzes.
1899 Grundsteinlegung der weitesten Steinbrücke von 8 m Spannweite zu Luxemburg.
1900 Vollendung der längsten Brücke zur Überführung der Eisenbahn über den Godavari in Indien; der Bau mißt zwischen den äußersten Strompfeilern 2743 m und ruht auf 56 Pfeilern; Bauzeit 35 Monate. Spannungen à 45,7 m, Breite 4,9 m.
1900 Stufenbahn von 3400 m Länge in Paris.
1900 Erster Aufstieg des Grafen **Zeppelin** in seinem lenkbaren Luftschiff am 2. Juli.
1900 **Poulsen** erfindet das Telegraphon.
1900 Zwölfte Weltausstellung zu Paris.
1900 Nach dem System der (drahtlosen) Funkentelegraphie verbindet **Marconi** am 15. Mai den Leuchtturm zu Borkum mit dem 35 km entfernten Leuchtschiff Borkum-Riff zum dauernden Betrieb.
1900 **Slaby** löst die Schwierigkeit der Abstimmung von Funkentelegraphen durch Vortrag und Versuche am 22. Dezember.
1900 **Graf de la Vaulx** versucht mit seinem Ballon über das Mittelländische Meer zu gelangen, was ihm zwar nicht gelingt, doch bleibt er vom 12. bis 14. Oktober 41 Stunden in der Luft. (Längste Luftreise.)
1900 Schnelltelegraph **Pollak** und **Virag** der auf 600 km zwischen Budapest und Fiume in der Stunde 40000 Wörter in Kursivschrift niederschreibt.
1900 Eröffnung der ersten deutschen transatlantischen Kabellinie am 1. September.
1901 **Schüller** entdeckt den Krebsbazillus.
1901 **Maurer** in Nürnberg baut den ersten Motorschlitten Deutschlands, den er im Januar versucht.
1901 **Tripler** baut das erste Automobil mit flüssiger Luft.
1901 Versuche auf der elektrischen Schnellbahn der Militärbahn Berlin-Zossen mit Geschwindigkeiten bis 160 km.
1901 Stapellauf des englischen Ozeandampfers „Celtic" am 4. April, er hat 14000 PS und ist mit 37700 t Wasserverdrängung der größte Dampfer der Erde; Länge 213,0 m, Breite 22,97 m.
1901 Eröffnung der ersten dauernden geleislosen elektrischen Straßenbahn Deutschlands im Bielathal am 10. Juli.
1901 **Santos-Dumont** umfliegt den Eifelturm am 19. Oktober mit seinem Luftschiff.

1902 **Borchers** in Aachen stellt Calcium durch Elektrolyse dar.
1902 **Krupp** stellt auf der Düsseldorfer Ausstellung ein Kesselblech von 26.8 m × 3,65 m (= 97.82 qm) bei 38,5 mm Dicke (= 29500 kg) aus.
1902 Erhebung der Akademie Münster zur Universität am 1. Juli.
1902 Stapellauf des längsten Dampfers der Erde „Kaiser Wilhelm II." am 12. August in 55 Sekunden (vgl. 1857); Länge 215,34 m, Breite 21.94 m, Wasserverdrängung 26000 t. Maschinen 41000 PS.
1902 Vollendung des ersten Telegraphenkabels durch den indischen Ozean am 14. August.
1902 Feierliche Eröffnung der Nielstauwerke am 10. Dezember.
1902 **Marconi** gelingt die funkentelegraphische (drahtlose) Verbindung über den atlantischen Ozean am 19. Dezember.
1902 Höchster Drachenaufstieg mit registrierenden Apparaten zu Berlin am 6. Dezember; Höhe 5475 m.
1902 Stapellauf des 1. in Deutschland erbauten Kabeldampfers „Stephan" am 29. Dezember.
1903 **Bartholomäus & Co.** in Nürnberg lösen das Problem zum direkten Bohren von vierkantigen und mehreckigen Löchern.
1903 Die **Reuter**'sche Agentur übermittelt dem Dampfer „Mineapolis" 36 Stunden von seiner Ankunft in New-York am 8. Februar, die neuesten Weltereignisse durch **Marconi**'sche Apparate, die für die Fahrgäste sogleich angeschlagen werden.
1903 Legung des zweiten deutsch-atlantischen Kabels, von Borkum nach N. Amerika, begonnen in Borkum am 10. Mai; Inbetriebsetzung soll 1. Januar 1905 erfolgen.
1903 Die „New-York World" erscheint zu ihrem 20jährigen Bestehen am 11. Mai in einer 140 großen Sondernummer. — Größte Zeitung.
1903 Aufbruch der Expedition nach dem magnetischen Nordpol am 18. Juni von Kristiania aus.
1903 Der erste Lappland-Expreßzug nach Narvik, der nördlichsten Eisenbahnstation der Erde, verläßt Stockholm am 19. Juni.
1903 Betriebseröffnung der Station Eigerwand (2867 m hoch) an der Jungfraubahn am 19. Juni.
1903 Vollendung und Betriebseröffnung der elektrischen Schwebebahn Barmen-Elberfeld auf der ganzen Strecke von Vohwinkel nach Rittershausen am 27. Juni.
1903 Der „Temps" in Paris gibt am 11. Juli ein Telegramm um die Erde auf, das die Strecke von 60000 km von 11 Uhr 35 bis 5 Uhr 55 durchläuft.

Personenregister.

Zur weiteren Information sind nachzusehen: Poggendorff, Biogr.-literar. Wörterbuch zur Geschichte der exakten Wissenschaften; Ersch und Gruber, Allg. Enzyklopädie; für die Älteren: Zedler, Universallexikon, auch die Biographien einzelner Nationen und Stände.

Abich, R. A. 1777.
Abdur Rahman 755.
Abraham 1898.
Abu Dschafar 764.
Abu Musa Dschabir 760.
Achard, F. K. 1777. 1780. 1801.
Acheson, E. G. 1891.
Acosta 1530.
Adam de la Halle 1272.
Adanson, M. 1751.
Adriaansz, Jac. 1608.
Adsigerius 1269.
Aepinus, F. U. T. 1756.
Afranio 1539.
Agginnte 1640.
Agricola, G. 1556.
Agricola, M. 1528.
Aischylos 1184 v. Chr.
Alard 1814.
Aibatani 900.
Albert, J. 1869.
Albinus 1519.
Albrecht 1822.
Albrecht von Preußen 1544.
Albrecht von Österreich 1590.
d'Alembert, J. 1751.
Alexander von Spina 1300.
Alfons X. 1252. 1272.
Alfred d. Gr. 875.
Alhazen 1030.
Al Kabiz 1252.
Alkhazini 1121.
Alkuin 800.
Al Mamouns 827.

Alonso de Santa Cruz 1530.
Alpini, P. 1580. 1592.
Al Ragel 1252.
Alstedius, J. H. 1630.
Amberger 1851.
Ambrosius 390.
Amici, G. B. 1860.
Amontons, G. 1699. 1703. 1704.
Ampère, A. M. 1720. 1881.
Amurath 1422.
Anaxagoras 430 v. Chr.
Anaximander 550 v. Chr.
Ancklitzen, B. 1320.
Andree, S. A. 1897.
Anschütz, O. 1890.
Anthemius 540.
Antipater 3.
Anton, Maria 1645.
Apollonius v. Pergae 240 v. Chr.
Appert, F. 1804.
Appius Claudius 263 v. Chr.
Applegath 1846.
Arago, D. F. 1615. 1820. 1822. 1824.
Archer 1851.
Archereau 1848.
Archibald, D. 1883.
Archimedes 250 v. Chr.
Archytas 400 v. Chr.
Arduino, G. 1756.
Are Frode 1108.
Arfvedson, J. A. 1817.
Argand, A. 1783.
Aristarch 270 v. Chr.
Aristill 300 v. Chr.

Aristophanes 400 v. Chr.
Aristoteles 350 v. Chr. 1209. 1516.
Arkesilaos 244 v. Chr.
Arkwright, R. 1770.
d'Arlande 1783.
Armati 1285.
Armstrong, W. G. 1839. 1843. 1846. 1854. 1868.
Arnaldo de Villanova 1300.
v. Aschhausen 1602.
Aspdin 1824.
Atcheson, C. G. 1892.
Atwood, G. 1781.
Auer v. Welsbach 1853.
Auer v. Welsbach d. Jüng. 1885. 1898.
Aurelian 274.
Auxiron 1774.
Auzout, A. 1666. 1667.
Averani, G. 1694.
Azachel 1080.

Baader, J. v. 1820. 1862.
Bachold, J. v. 1491.
Bacon, R. 1267.
Bacon, F. 1620. 1624. 1665.
Baeyer 1861. 1867.
Baily 1841.
Baine 1845.
Baker 1658.
Bakewell 1847.
Balard 1826.
Banks 1800.
Barber, J. 1791.
Barbier 1830.
Barker 1793. 1800.
Barlowe 1676.
Barnett, W. 1838.
Bartels 1713.
Barthelemy 1788.
Bartholin, E. 1669.
Bartholomäus 1496.
Bartholomäus & Co. 1903.
Bartolomé de Medina 1557.
Basilius Valentinus 1413.
Basse 1803.
Basseus 1554.
Bastie, A. de la 1874.
Bauer 1798.
Bauer 1849.
Bauer, A. F. 1867.
Bausch 1652.
Bayerfeld 1710.
Beaumont 1630.
Beccaria 1769.
Becher 1682.
Becker, J. 1686.
Becker 1835.
Becquerel, H. 1896.

Behaim, M. 1492.
Behring 1894.
Beigh, U. 1437.
Beighton. H. 1718.
Behdor 1737.
Bellarmatus, H. 1541.
Bellay, M. de 1521.
Belisar 536.
Bell, Th. 1770. 1783.
Bell, H. 1812.
Bell. G. 1876. 1877. 1880.
Belleny 1839.
Bellinghausen 1819.
Bellot 1820.
Bembo, P. 1535.
Bemont 1898.
Bentham 1791. 1793.
Benz, C. 1886.
Benzenberg 1798. 1802.
Bergerac 1653.
Berkel, A. van 1680.
Berliner 1882.
Bergmann 1775.
Bergsträsser 1785.
Bernhard 1755.
Bernoulli, Joh. († 1748) 1707.
Bernoulli, Dan. († 1782) 1727. 1745. 1752.
Berorsus 250 v. Chr.
Bersanti 1857.
Berthollet 1785. 1786.
Berzelius 1812. 1814. 1817. 1823. 1824. 1828.
Beschooten 1684.
Bessemer, H. 1846. 1855. 1892.
Besson, J. 1568.
Betancourt 1798.
Bevis 1749.
Bianco 1436.
Bjarne 986.
Bidwell 1881.
Biot 1820.
Biringuccio 1540.
Bischof 1839.
Black 1850.
Blair 1796.
Blanchard 1779. 1785.
Blathy 1885.
Blenkinsop 1811. 1812.
Blochmann 1828.
Blot 1886.
Blüthner 1884.
Bobson, J. 1885.
Bock 1720.
Böckmann 1794.
Böttger, J. F. 1709. 1710.
Böttger, R. 1840. 1844. 1848.
Bois-Reymond 1848. 1889.

— 115 —

Boissier 1778.
Bokholdt 1386.
Bollé 1878.
Bolsover, T. 1742.
le Bon 1709.
le Bon, Ph. 1785, 1799. 1801.
Bonafous 1830.
Bonaparte siehe Napoleon I.
Bonifacius VIII. 1300.
Bonnai 1789.
Borchers 1902.
Borda 1786.
Boreel, v. 1590.
Borelli 1680.
Borghesano 1272.
Born, J. v. 1769.
Borro, C. 1641. 1701.
Borsig 1837, 1841.
Botto 1836.
Boucherie 1841.
Bougouer 1750. 1760. 1825.
Boulton, M. 1774. 1803.
Bourdon 1842. 1849.
Bourseul, C. 1854.
Bouton 1822.
Bown 1868.
Box 1590.
Boyce 1799.
Boydall 1846.
Boyle, R. 1662. 1668. 1675. 1679.
Brackenburg 1836.
Braconnot, H. 1818.
Bradfort 1868.
Bradley, J. 1725. 1748. 1750.
Brahe, T. 1576. 1587.
Brahmagupta (* 598) 733.
Braille 1829.
Bramah, J. 1784. 1785. 1795. 1796.
 1802. 1805.
Branca 1442.
Branca, Joh. 1629.
Brand 1804.
Brandes 1798.
Brandt 1669.
Brandt 1733.
Branly, E. 1890.
Braun 1676.
Braun, J. A. 1759.
Breguet, A. L. 1717.
Breising 1763.
Brett, J. 1845. 1850.
Brettes, M. de 1848.
Brewster, D. 1813. 1844. 1845.
Bright, T. 1588.
Britneff 1864.
Bromeis, J. C. 1844.
Brounker, W. 1658.
Brown, S. 1823.

Bruce 1325.
Brugnatelli, L. G. 1802. 1805.
Brunel, J. 1806. 1808. 1825. 1845.
Bruno, G. 1584.
Brunschwyck, H. 1462.
Brunton 1813.
Bürgi, J. 1607. 1614. 1620.
Büxenstein, W. 1882.
Bunsen, R. 1841. 1851. 1854. 1857.
 1860. 1870.
Burdin 1826.
Burgi, J. 1607. 1614. 1620.
Burr 1875.
Burrough, C. 1556.
Burrus, C. 1641. 1701.
Burstall 1824.
Burton, J. 1805.
Bushnell 1776.
Bussy 1829.
Byrgius, J. 1607. 1614. 1620.
Buyten 1898.

Caboto, G. 1497.
Caboto, S. 1549.
Cada Mosto 1455.
Cäsar, J. C. 59. 46 v. Ch.
Cäsar, Jul. 1590.
de la Caille, N. L. 1738. 1750.
Calceolari, F. 1584.
Caldani 1756.
Camellus 1739.
Canton 1754.
Cao, D. 1484.
Carcel 1800.
Cardano 1545. 1557.
Carlisle 1800.
Carré 1860.
des Cartes 1630. 1637. 1644.
Cartesius = des Cartes.
Cartwright 1787. 1793.
Casciorolo 1602.
Casselmann, W. 1865.
Cassini, G. D. 1667. 1675. 1683.
Cassini, J. 1707.
Castaing 1665. 1685.
Castel 1731.
Catilina 63.
Catinat 1693.
Cato 63.
de Caus 1615.
Cavallo 1781. 1795.
Cavalli 1846.
Cavendish, H. 1766. 1797.
Cavendish, C. 1747.
Caventou, J. B. 1818. 1819. 1820.
Caxton 1476.
Celsius, A. 1742. 1743.
Cento, A. 1680.

8*

de Cessart 1787.
Chancel 1805. 1812.
Chapman 1812.
Chappe, C. 1791. 1792. 1793. 1798.
Charles, J. A. C. 1703. 1780. 1783.
Chaulnes, M. F. de 1768.
Chaumette 1751.
Cherpin 1863.
Chevreul 1823.
Chladni, E. F. F. 1787. 1790. 1799.
Chreeniug 1560.
Christofali, 1711. 1717.
Christofle, C. 1842. 1854.
Chubb, J. 1818.
Church 1822.
Cieca, P. 1553.
St. Claire Deville 1853. 1865.
Clark 1853.
Claudianus 400.
Claus, C. E. 1845.
Clayton 1664.
Clayton 1739.
Clement 1680.
Clegg 1814. 1815.
Clegg 1838.
Clevemann 1865.
Clymer 1817.
Coëffin 1800.
Coiffier 1752.
Colbert 1666.
Col de Frejus 1857.
Colin 1826. 1828.
Colladon 1827.
Colt, S. 1846. 1851.
Columbus, F. 1492. 1498.
Columella 60.
Commodus 190.
la Coudamine 1758.
Configliachi 1802.
Congrève, W. 1804. 1823.
Conradin 1268.
Conté 1795.
Cook, J. 1772. 1773.
Cook, J. 1784. 1794.
Cooke, W. F. 1836. 1837.
Cooke & Sons 1865.
Cooper, P. 1829.
Copernicus, N. 1506. 1530. 1540. 1543. 1587. 1616. 1618. 1632. 1822.
Corliss 1849.
Cordus 1540.
Cort 1754. 1783.
Corty 1819.
Coryate 1608.
Coshu-King 1280.
Coulomb 1785. 1881.
Courteaut 1818.
Courtois, B. 1811.

Courtois 1857.
Cowlay 1605.
Cowles 1885.
Coxe 1810.
Cranage 1766.
Crispi 1841.
Crompton, S. 1775.
Cromstedt, A. F. 1751.
Cromwell 1589.
Cros, Ch. 1877.
Croskill 1841.
Cruquius 1740.
Cugnot 1769. 1771.
Cumming, A. 1775.
Cunard, S. 1840.
Curie, P. & S. 1898.
Czermak 1858.

Dagron 1858. 1870.
Daguerre 1822. 1838. 1839.
Dalibard 1752.
Dalton 1802. 1804.
Damaskios 530.
Damian 1829.
Damiani 1070.
Dancer 1855.
Daniell 1836. 1837.
Danilewsky 1898.
Dante 1300. 1471.
Dapper 1500.
Darnley 1779.
Darwin 1859.
Dasypodeus 1574.
Daun, v. 1554.
Daunius 1707.
Daunou 1793.
Davidson, M. 1854.
Davy 1802. 1807. 1808. 1809. 1810. 1815. 1821.
Dawbery 1618.
Debierne 1899.
Defrance 1857.
Deimann 1795.
Delambre 1806.
Delisle 1823.
Deleuil 1842. 1844.
Delorme 1567.
Demokleidos 450 v. Chr.
Denis 1667.
Denizard 1731.
Denner 1696.
Deut 1843.
Deprez 1882. 1886.
Deri 1885.
Descartes 1630. 1637. 1644.
Desprats 1855.
Deyeux 1793.
Diaz 1486.

Dickinson 1809.
Diderot 1751. 1779.
Diesbach 1704.
Diesel 1896.
Dietrich, J. 1750.
Dietz 1841.
Dionysius 525.
Dioscorides, Pedan 50.
Dioscorides, Phakas 30 v. Chr.
Diophantos 250.
Dismicianus 1614.
Dittmann 1860.
Divisch 1754.
Dixon 1764.
Doebereiner 1822. 1823.
v. Dolivo 1888.
Dollfuss 1810.
Dollond 1757.
Donis 1467.
Dorbzensky 1657.
v. Drais 1813. 1817. 1820. 1821. 1855.
v. Drebbel 1590. 1604. 1620. 1624. 1639.
Dreyse 1828. 1833.
Drumond 1619.
v. Drücker 1861.
Dürer 1512.
Duhamel 1840.
Dulong 1811. 1812. 1816.
Dumas 1831.
Dumont 1828.
Duncan 1804.
Dundonald 1786.
Dunlop 1888.
Dutremplay 1846.
Dutrochet 1816.

Eberhardt 1815.
Eberhart 1824.
Ebner 1533.
Ebner 1859.
Eckardt 1809.
Edelmann 1872.
Edgeworth 1765. 1770.
Edison 1874. 1878. 1879. 1880. 1883. 1887. 1892. 1894.
Eduard III. 1327.
Egenolph 1615.
Ehemann 1540.
Ehrenberg 1830.
Ehrmann 1780.
Ekeberg 1802.
d'Elhuyar 1783.
El Mamous 827.
El Sufi 900.
Empedokles 460 v. Chr.
Engström, v. 1776.
Erard, S. 1821.

Eratostenes 220 v. Chr.
Erich der Rothe 982.
Ericson 1832. 1833. 1848. 1853. 1862.
Eudoxus 350 v. Chr.
Euklid 270 v. Chr. 1533.
Euler 1746.
Eusèbe 1863.
Evans 1772. 1795. 1802. 1804.
Everett 1758.
Eyck 1402. 1410.

Faber 1835.
Fabricius, G. 1566.
Fabricius, J. 1610. 1630.
Facio 1720.
Fahrenheit 1714. 1724. 1738.
Fairbairn 1838.
Faraday 1825. 1831. 1832. 1846.
Fardely 1844.
Farey 1803.
Farfler 1650.
Faure 1881.
du Fay 1733.
Fechner 1829.
Fell 1868.
Fellenberg 1804.
Felsing 1841.
Fenner-Matter 1881.
Ferdinand II. 1632.
Fernel 1580.
Ferraris 1888.
Ferris 1855.
Fibonacci 1202.
Field 1857.
Finé 1550.
Finiguerra 1452.
Finsen 1893.
Fischer, J. E. v. 1722.
Fischer, E. 1890.
Fischer, P. M. 1853.
Fisken 1855.
Fitch 1787. 1790.
Fitz-Gerald 1758.
Fizeau 1847. 1849. 1853.
Flamsteed 1729.
Flavius Veg. Ren. 400 v. C.
Fontana, D. 1586.
Fontana, Fr. 1625.
Fontana, Fel. 1755. 1777.
Forbes 1835.
Forsythe 1807.
Foucault 1844. 1847. 1851. 1854. 1855.
Fournayron 1827.
Fournier 1653.
Fowler 1858.
Fox 1830. 1831.
Franklin 1728. 1747. 1750. 1752. 1762. 1765. 1786.

— 118 —

Franz I. 1544.
Fraunhofer 1815.
Freitag 1724. 1732. 1760.
Fresnel 1822.
Friedrich II. 1243.
Friedrich II. 1576.
Friedrich d. Gr. 1740. 1744. 1763.
Frisius 1547.
Fritzsche 1841.
Frochot 1802.
Frosch 1532.
Fuchs 1825.
Fürstenberger 1770.
Fulton 1797. 1801. 1803. 1806. 1807. 1814.

Gabelsberger 1819.
Gafor 1490.
Gahn 1769.
Galiens 1755.
Galilei 1583. 1590. 1595. 1596. 1602. 1609. 1612. 1618. 1620. 1632. 1633. 1637. 1639. 1640. 1643. 1657.
Gall 1828.
Galle 1846.
Galodin 1794.
Galvani 1778. 1790. 1792.
Gama 1498.
Gannal 1819.
Ganswind 1897.
Garay 1543.
Gardner 1834.
Garisenda 1112.
Garnerin 1797.
Gascoigne 1640.
Gassendi 1612. 1621.
Gassiot 1854.
Gatling 1861.
Gaudin 1836.
Gauß 1821. 1832. 1833. 1835. 1839. 1881.
Gauthey 1782.
Gay-Lussac 1703. 1804. 1805. 1808. 1809. 1815.
Geber 769.
Gehring 1890.
Geißler, H. 1854. 1857.
Gellibrand, H. 1634.
Gellius 400 v. C. 190.
Gengembre 1783.
Genoux 1829.
Geoffroy 1718.
Gerbert 996.
Gerke 1848.
Gerstner, F. v. 1806.
Gervinus 1780.
Gester 1430.
Gestner 1823.
Gianibelli 1585.

Gibbs 1882.
Giffard 1852. 1858. 1869.
Gilberd, W. 1600.
Gilles de Dôm 1479.
Gintl 1853.
Gioja 1300.
de Girard, P. H. 1818.
Girard, Charles 1861.
Glareanus 1510.
Glauber 1650.
Glockendon 1524.
Gmelin 1822.
Gobelin 1642.
Goethe, W. v. 1810.
Gomperz 1821.
Gonella 1825.
Goodyear 1839. 1852.
Gordon 1819. 1821.
Gorrie 1850. 1862.
Gosbert 1000.
Gotlieb 1531.
Gotzkowsky 1751. 1763.
Goulard 1882.
Gräbe 1868.
Graham, G. 1715. 1721. 1722. 1747.
Granville 1887.
Grassi 1609.
Gray 1729. 1732. 1736.
Green 1828. 1839. 1875. 1878.
Gregor v. Tours 585.
Gregor d. Gr. 600.
Gregor XIII. 1577. 1582.
Gregor, W. 1791.
Gregorius 822.
Gregory 1663.
Grenet 56.
Grenié 1810.
Grieß 1860.
Griffith 1821.
Grimaldi 1650.
Grimmelshausen 1669.
Grommestetter 1519.
Grosse 1765.
Grothuß 1805.
Grove 1839.
Gründler 1682.
Grummert 1750.
Grynäus 1533.
Gülcher 1887.
Guerike 1650. 1654. 1658. 1661. 1663. 1671.
Guet 1854.
Guido v. Arezzo 1025.
Guillotin 1789.
Guinet 1828.
Guldin 380. 1635.
Gunter 1622. 1624.
Gurney 1825. 1831. 1835.

Gusmao 1709.
Gutenberg 1436. 1438. 1441. 1455.
Guter 1430.
Guthrie 1831.
Guyot 1190.

Habrecht 1574.
Hadley 1731. 1735.
Häckel, A. 1818.
Hädicke 1868.
Hales 1740.
Hall 1729.
Halley 1701. 1716. 1749.
Halske 1881.
Hancock 1827. 1830.
Haurey 1322.
Hansen 1883.
Hansom 1855.
Harding 1804.
Hardley 1693.
Hare 1819. 1833.
Hargreaves 1760. 1767.
Harris 1823.
Harrison 1725. 1757. 1761. 1764.
Hartmann, G. 1536. 1544.
Hartmann 1837.
Hartop 1805.
Harun 807.
Harwey 1619.
Hatton 1776.
Haultin 1525.
Hausen 1743.
Hausi 206.
Hansmann 1788.
Hautefeuille 1678. 1680.
Hautsch 1649. 1655.
Hauy 1784.
Hawksbee 1705. 1750.
Hawksley 1793.
Haydn 1610.
Heathcoat 1809. 1832.
Heberlein 1871.
Hecht 1796.
Hecker 1747.
v. Hefner-Alteneck 1879. 1883.
Heider 1843. 1845.
Heilmann 1490.
Heilmannn, J. 1829.
Heilmann, J. J. 1891.
Heinrich v. Wyck 1364.
Heinrich d. Seefahrer 1438.
Heinrich d. Löwe 1152.
Hele 1500.
Hellwig 1802.
Helmholz 1851. 1859.
Helmont 1640.
Hempel 1754.
Henderson 1804.

Henlein 1500.
Henrique 1438.
Henry II. 1559.
Henry 1892.
Henschel 1840.
Hensold 1556.
Hentzen 1805.
Hermann 1818.
Herodot 610. 481 v. Chr.
Heron 230 v. Chr.
Heroult 1886.
Herrmann 1869.
Herschel, F. W. 1781. 1788. 1801.
Herschel, Sir. F. W. 1845.
Hersent 1889.
Hertz 1888.
Heuß 1509.
Hevel 1647. 1674.
v. d. Heyde 1672.
v. d. Heydt 1898.
Hieronymus 378.
Hjelm 1782.
Higgins 1776.
Hill 1824.
Hill, R. 1837. 1840. 1845.
Hillel 350.
Hioter 1741.
Hipparch 150 v. Chr.
Hippersley 1882.
Hippokrates 400 v. Chr.
Hirschberg 1877.
Hittorf 1852.
Hiutschin 121.
Hochbrucker 1720.
Hoefer 1777.
Höll 1753.
Hoffmann 1857.
Hofmann 1783. 1858. 1863.
Hogström 1791.
Hohlfeld 1756. 1765.
Holtz 1865.
Homberg, W. 1702. 1710.
Hook, R. 1658. 1665. 1667.
Hope 1793.
Hornblower 1781.
Horrocks 1813.
Howard 1800. 1812.
Howe 1845. 1851.
Hoyau 1827.
Hülsberg & Co. 1899.
Hufeland 1792.
Hughes 1866.
Hugo v. Trimberg 1280.
Hugue de Bercy 1190.
Humboldt, A. 1799. 1805.
Hulls 1736.
Hunt 1834.
Hunter 1773.

Huntsman 1740.
Huyghens 1650. 1657. 1658. 1660.
 1668. 1673. 1675. 1680. 1684. 1690.
 1746.
Hyatt 1869.
Hypathia 400.

Jablotschkoff 1876. 1877.
Jackson 1846.
Jacobi 1773.
Jacobi 1834. 1837. 1838. 1849.
Jacquard 1799. 1802. 1805.
James, H. 1825. 1828.
Jandus, W. 1894.
Jansen, Z. & H. 1590.
Janszoon, W. 1608.
Japy 1845.
Jaquin 1656.
Jbn Junius 1000.
Jedlicka 1829.
Jenkin 1883.
Jenner 1796.
Interamnensis 1463.
Invigny 1580.
Jobart 1838.
Joffroy 1776. 1783.
Johann v. Arau 1372.
Johann Kasimir 1591.
Johannides, Z. & H. 1590.
Johnson 1821.
Jordan, J. 1684.
Joule 1849. 1893.
Isidorus 400. 630.
Isoard 1841.
Judenkunig 1523.
Jurgens 1530.

Kalinikos 675.
Kammerer 1832.
Kane 1854.
Kaps 1875.
Karl d. Gr. 800. 807.
Karl II. 1665.
Karl IV. 1379.
Karl V. 1521. 1538.
Karl V. Leopold 1658.
Karl VII. 1742.
Karl, Friedrich 1794.
Karl, Gustav 1649.
Karl, Ludwig 1664.
Karl, Theodor 1751.
Karneades 160 v. C.
Kay 1737.
Keck 1862.
Keller, ein Weber, 1844.
Kellerer 1730.
Kellog 1899.
Kels 1798.

Kemp 1834.
Kempelen 1778. 1829.
Kepler 1604. 1609. 1611. 1618. 1627.
 1631.
Keßler 1616.
Kienmeyer 1788.
Kind 1835.
Kircher 1025. 1641. 1643. 1646. 1648.
 1650. 1660. 1671.
Kirchhoff, G. S. C. 1811.
Kirchhoff, G. R. 1860.
Kirk 1862.
Kirnberger 1771.
Klaproth 1786. 1789. 1793. 1798.
Kleist 1745. 1746. 1747. 1749.
Kleomedes 10 v. Chr.
Knaus 1764.
Knoblauch 1848.
Kobell 1842.
Koch 1882. 1883.
Köchlin 1889.
Köbel 1760.
König 1810.
König & Bauer (Firma) 1867.
Kötting 1828.
Kolbe 1874.
Konstantin 757.
Koster 1423. 1440.
Kowatsch 1723.
Kratzenstein 1744.
Krant 1727.
Krebs 1884.
Krizik 1880.
Krüger 1746.
Krupp, P. F. 1811, 1819.
Krupp, A. 1847. 1853. 1856. 1861.
 1868.
Krupp, F. A. 1892. 1902.
Ktesibios 250 v. Chr.
Kühn 1846.
Kuhfuß 1570.
Ku kin tschu 235.
Kuo pho 315.
Kyan 1832.

Ladd 1867.
Ladislaus V. 1457.
Lafand 1848.
Lagrange 1759.
de Laire 1861.
Lallement 1864.
Lamb 1867.
Lampadius 1796. 1811. 1816.
Lana, F. 1660.
Landriani, M. 1774.
Langen 1895.
Laplace 1751. 1799. 1780.
Laprey 1608, s. a. 1590.

Larderel 1818.
Laudati 1662.
Lauraguais 1759.
Laurens 1835.
Lavavasseur 1889.
Lavoisier 1751. 1778. 1780. 1781. 1783. 1784. 1789.
Leblanc 1787, 1793.
Lebon 1709.
Leclanché 1868.
Lee, W. 1589.
Lee 1816.
Leeghwater, J. A. 1648.
Leeuwenhoëck 1685. 1695.
Leger 1783.
Lehmann 1756.
Leibnitz 1668. 1671. 1675. 1686. 1707. 1725. 1745.
Leidenfrost 1756.
Lempe 1794.
Lenoir 1860.
Lenström 1883.
Leo 850.
Leopold 1687.
Lepère 1798.
Lesage 1774.
Leslie 1804.
Lesseps 1859.
Leurechon 1624.
Leverrier 1846.
Levi ben Gerson 1342.
Lewis, P. 1738.
Leyteny 1802.
Lichtenberg 1777. 1778.
Lieberkühn 1738.
Liebermann 1868.
Liebig 1823. 1832. 1835. 1840. 1856. 1865.
Liepmann 1822.
Lighfoot 1859.
Linde 1876.
Linguet 1782.
Linné 1747.
Lippersheim 1590. 1608.
Lister, J. 1866.
Liston 1840.
Litzendorf 1743.
Lobsinger, H. 1550. 1560.
Locatelli, J. v. 1663.
Löhr, v. 1875.
Lomond 1787.
Londridge 1884.
Lotting, J. 1696.
Loubet 1851.
Louis XIV. 1671.
Louis Philipp 1835.
Loullin 1730.
Lowitz 1785.

de Luc 1775. 1786.
Lucca della Robia 1400.
Lucretius 50 v. Chr.
Ludolph 1744.
Ludwig, A. 1579.
Ludwig der Fromme 822.
Luhrig 1892.
Lullius 1300.
Luscinius, O. 1536.
Luther, J. 1736.
Lynden 1824.

Macbridge 1775.
Mac Intosh 1798.
Macquer 1752.
Maddison 1867.
Madersberger 1814. 1839.
Magaritone 1280.
Magelhaens 1519. 1521. 1522.
Magnus 1867.
Maier 1840.
Makiun 235.
Maleagni 1777.
Malus 1810.
Manilius 1809.
Manlius Valerius 263 v. Chr.
Mannoury d'Ectot 1818.
Mansfield 1847.
Manzetti 1864.
Marconi 1897. 1899. 1900. 1902. 1903.
Marcus Graecus 1200.
Marggraf 1746. 1750. 1758.
Mariannus v. Siena 1438.
Maricourt 1269.
Marignac 1877.
Mariotte 1668. 1677. 1679.
Marins, S. 1608. 1612.
Marnier 1898.
Maron 1863.
Marr 1834.
Marshal 1753.
Marshall 1825.
Martin 1740.
Martin 1856.
v. Marum 1777.
Maskelyne 1772.
Mason 1764.
Matteucci 1857.
Matthesius, J. 1562.
Matthieu 1802.
Mauby 1817.
Maudsley 1797.
Maundrell 1683.
Maurer 1901.
Mauricius 550.
Maurolykus 1575.
Manteri 1854.
Maxim 1883.

v. d. May 1705.
Mayer, T. 1777.
Mayer 1842.
Maynard 1846.
Mayo 1868.
Mayr 1612.
Mechain 1806.
Medici 1474.
Meester 1693.
Mege-Mouriès 1869.
Meier 1857.
Meikle 1785.
Meisenbach 1883.
Meißner 1821.
Melloni 1835.
Meucke 1682.
Mercator 1546. 1569.
Mersenne, M. 1615. 1639.
Mersenne 1653.
Mersenne 1720.
Mesmer 1775.
Mesurier 1779.
Metius 1608.
Meton 433 v. Chr.
Meusnier 1781.
Meyer 1869.
Meyerhofer 1877.
Micanzio 1637.
Michaux 1855. 1864. 1868.
Miethen 1427.
Miles 1745.
Mill 1814.
Millau 1887.
Miller 1787.
Millner 1840.
de Milly 1832.
Milward 1853.
Mitscherlich 1819.
Mitteldorpf 1853.
Mönch 1776.
Mohammed 622.
Moissan 1886.
Moleyns 1841.
Molineux 1679.
du Moncel 1854.
Moncrieff 1858.
le Monnier 1752.
Montgolfier 1782. 1783. 1796.
Moore 1845. 1897.
Morion 1695.
Moritz von Oranien 1599.
Moritz von Sachsen 1732.
Morland 1640.
Morse 1832. 1836. 1837. 1843. 1844. 1848.
Mosander 1839. 1842. 1843.
Moser 1844.
Moser 1899.
Mossy 1720.

du Motay 1840.
Mousson-Puschkin 1800.
Mouton 1670.
Mügling 1796.
Müller 1709.
Müller v. Reichenstein 1782.
Münster 1541.
Mumme 1499.
Mundinus 1315.
Murchison 1844.
Murdoch 1787. 1792. 1802.
Mured 1470.
Murray, J. 1799. 1814.
Murrey, Lord 1796.
Musschenbroek 1731.
Mynsicht, A. v. 1631.

Nachtigall 1536.
Napier 1614.
Napoleon I. 1798. 1802. 1810.
Napoleon III. 1856.
Nasmyth 1838. 1842.
Neef 1838.
Neilson 1830.
Neko 610 v. Chr.
Nepper 1614.
Nernst 1898.
Neuburger 1854.
Neville 1826.
Newcomen 1705. 1711. 1712. 1763.
Newmann 1816.
Newton 1663. 1666. 1671. 1672. 1679.
  1682. 1687. 1704. 1746.
Nicholson 1787. 1790. 1800.
Nicolaus de Cusa 1439.
Nicot 1560.
Nobel 1867.
Nobili 1826.
Nollet 1746. 1747.
Nonius 1542. 1546. 1631.
Nordenfelt 1877.
Norman, R. 1576.
le Normand 1783. 1784.
Norwood 1635.
Nunez 1542. 1546.

Odier 1773.
Oerstedt 1819. 1820. 1822. 1824. 1826.
Offyreus 1715.
Ohm 1827. 1843. 1881. 1893.
Oken 1822. 1889.
Olbers 1797. 1802. 1807.
Oldcasle 1543.
Osmont 1837. 1840.
Otfried 850.
Otto 1862. 1867. 1878.
Overmars 1868.
Ozanan 1693.

Pacificus 850.
Pacirolus 1494.
Page 1837.
Paige 1890.
Paine 1728.
Paixhans 1824.
Palmer 1840.
Papin 1674. 1681. 1688. 1690. 1705. 1707. 1722.
Pappos 380.
Parker, Wyatt & Co. 1796.
Pascal 1642. 1648.
Paucton 1768.
Paul IV. 1559.
Paulinus 400.
Payne 1841.
Peal 1791.
Peel 1761.
Pekham 1279.
Pelletier 1818. 1819. 1820.
Pelouze 1832.
Peregrinus 1269.
Perkins, J. 1790. 1831. 1834. 1838.
Perkins, W. H. 1856. 1868.
Périer 1648.
Perier 1775.
Perrier 1797.
Perrot 1834.
Petrucci 1498.
Pettenkofer 1849.
Peurbach 1460.
Peypus 1513.
Pfister 1461.
Phili de Caqueray 1330.
Philipp II. 1561.
Piazzi 1801.
Picard 1667. 1669. 1675. 1705.
Pickel 1785.
Pietet 1877.
Pilâtre de Rozier 1783. 1785.
Pipin 757. 768.
Pius IV. 1564.
Pixi 1832.
Planta 1755.
Plauté 1860.
Platner 1518.
Platon 400. 387 v. Chr.
Plinius 70.
Plöbl 1832.
Plutarch 100.
Poetsch 1883.
Poggendorff 1855.
Poisson 1831.
Polhem 1739.
Pollak 1900.
Pollok 1869.
Poncelet 1826.
Poper 1862.

Poppo 942.
Poppoff 1895.
Porta 1558. 1569. 1579. 1601.
Porret 1816.
la Postolle 1820.
Posch 1829.
Pott 1816.
Potter 1713.
Poulson 1900.
Praetorius 1576.
Pratt 1810.
Prechtl 1817. 1833.
Preece 1892.
Price 1815.
Priestley 1770. 1774. 1775. 1776. 1777. 1778.
Priscian, der Arzt 380.
Priscian. der Gram. 525.
Probus 276.
de Prony 1822.
Ptolemäus 135. 1506. 1587. 1632.
Ptolemäus, Philad. 280 v. Chr.
Pulsnnow 1766.
Pythagoras 540 v. Chr.
Pytheas 330 v. Chr.

Quandt 1790.
du Quet 1731.
Quinquard 1790.
Quintez 1823.

Raffart 1881.
Raleigh 1584.
Ramsay, A. 1678.
Ramsay 1894.
Rathenau 1882.
Rauwolf 1573. 1582.
Ravenscroft 1700.
Raydt 1880.
Rayleigh 1894.
Reaal 1639.
Read 1790.
Real 1806.
Reaumur 1739.
Recknagel 1570.
Redi 1666.
Reece 1849.
Regiomontanus 1450. 1460. 1472. 1474.
Regnier 1806.
v. Reichenbach 1804. 1809. 1817. 1830. 1833.
Reil 1792.
Reimann 1717.
Reimarus 1769.
Reinhold, E. 1557. 1574. 1582.
Reis, P. 1852. 1861.
Reisel 1684.

Renard 1883. 1884.
Ressel 1829.
Rethmeier 1530.
Rettig. W. H. 1888. 1889. 1893.
Reuß 1809.
Reuter 1903.
Rey 1632.
de la Reynie 1667.
Reyser 1481.
Rhaeticus 1540.
Richard 1320.
Richard 1679.
Richard 1693.
Richardson 1788.
Richer 1671.
Richmann 1753.
de Richter 1898.
Rieter 1866.
Riggenbach 1862.
Riquet 1681.
Ritchie 1825. 1833.
Ritter 1801.
Riva 1667.
Rivay 1807.
de la Rive 1840.
Robert Bruce 1325.
Robert 1799.
Roberts 1822. 1825.
Robertson 1800. 1802.
Robins 1741.
Robiquet 1826. 1828.
Robison 1759.
de la Roche 1760.
Röbling, J. 1852. 1869.
Röbling, W. 1869.
Rölling 1786.
Römer 1675. 1700.
Röntgen 1895.
Rößler 1673.
Romagnosi 1802.
Romain 1785.
Romoldo 1816.
Rose, V. 1771.
Rose, V. (d. Jüng.) 1801.
Rose, H. 1844.
Roß, J. C. 1831. 1840.
Roß-Winans 1834.
Rowley 1838.
Roussile 1865.
Rudolph 1350.
Rudolph 1525.
v. Rudorffer 1847.
Ruhmkorff 1850. 1865.
Rumford 1794.
Rumsey 1787.
Runge 1833. 1834.
Ruolz 1841.
Rutherford 1772. 1794.

Sabinianus 600.
Saint 1790.
Salomon 1816.
Salva 1796.
Sanctorius 1595.
Santos Dumont 1901.
Sarsi 1609.
Sauer, C. 1736.
Sauleque 1558.
Sausure 1783.
Sauvage 1821. 1832.
Sauveur 1700.
Savart 1820. 1840.
Savery 1698. 1700. 1705.
Sax 1840.
Scaliger 4714 v. Chr.
Scappi 1570.
Schäffer 1849.
Scharhäusel 1836.
Schakir 833.
Schamschurenkow 1750.
Scheele 1769. 1771. 1772. 1773. 1774.
   1776. 1778. 1779. 1780. 1781. 1782.
   1784.
Scheibler 1880.
Scheiner 1603. 1611. 1630.
Schichau 1837.
Schields 1881.
Schilling 1812. 1832. 1855.
Schinz 1845.
Schmidt 1851.
Schnell, J. 1790.
Schneider 1842.
Schneider 1889.
Schönbein 1840. 1846.
Schöfer 1459.
Schott 1657.
Schrick, M. 1483.
Schröder 1694.
Schröter, J. G. 1717.
Schrötter 1848.
Schüller 1901.
Schürer, C. 1550.
Schützenbach 1823. 1836.
Schützenberger 1892.
Schulze, J. H. 1727.
Schuster 1819.
Schwankhardt 1670.
Schwann 1853.
Schwartz 1870.
Schwarz 1320.
Schwedenborg, E. 1722.
Schweigger 1820.
Schwenter 1636.
Schwerd 1835.
Schyrläus 1645.
Sebrero 1847.
Seebeck 1808. 1821. 1822.

— 125 —

Sefström 1830.
Segner 1747.
Seguin 1828.
Seneca 60.
Sennefelder 1796. 1817. 1826.
Sertürner 1805. 1817.
Severus 460.
Shaw 1831.
Sholes 1867. 1873.
Shrapnel 1781.
Siemens, W. 1846. 1847. 1848.
Siemens, E. W. v. 1866. 1867. 1879. 1880. 1881. 1892.
Siemens 1856.
Sigismund v. Polen 1612.
Silbermann 1728. 1750.
Simonin 1818.
Simpson 1847.
Singer 1851.
Sinsteden 1854.
Sirturius 1618.
de Sivrac 1791.
Slaby 1900.
Smeaton 1759. 1760. 1762. 1778.
Smith 1811. 1825. 1835. 1837. 1839.
Smith 1887.
Snell 1615. 1620. 1637.
Socrates 400 v. Chr.
Sömmering 1807. 1809. 1812.
Sörensen 1855.
Solon 594 v. Chr.
Sorby 1858.
Sosigenes 46 v. Chr.
Squire, J. 1831.
Stadler 1820.
Staffort 1859.
Stahl 1718. 1720.
Staite 1849.
Stampfer 1832.
Stanhope 1800.
Starley 1885.
Starr 1845.
Statius 90.
Steinheil 1836. 1837. 1838. 1839. 1843. 1849. 1852.
Steinweg 1853.
Stelluti 1625.
Stender 1754.
Stephan 1865. 1869.
Stephenson, G. 1814. 1825. 1829. 1835.
Stephenson, R. 1848.
Stevens 1799. 1803. 1805.
Stevin 1585.
Stifel 1550.
Stirling 1816. 1827.
Stöhrer 1844. 1845.
Stokes 1852.
Stolze 1841.

Stone 1804.
Strabo 15.
Starchey 1719.
Strada 1618.
Strathing 1835.
Street, R. 1794.
Strömer 1743.
Stromeyer 1818.
Stromer 1390.
Strutt 1774.
Struve 1817.
Sturgeon 1830.
Sturm 1827.
Sulzer 1751.
Sutter 1847.
Sylvester II. 996.
Symmington, W. 1785. 1801.
Synesius 400.

Tachenius 1666.
Tachard 1682.
Talbot 1840.
Tancredus 1607.
Targioni 1694.
Tartaglia 1540.
Tartini 1700.
Tate 1496.
Tayor 1786. 1815.
Tennant 1799. 1803.
Tenner 1888.
Terell 1729.
Tesla 1888. 1892.
Testatori 1620.
Testud de Beauregard 1861.
Thaer 1806.
Thales 585 v. Chr.
Thénard 1808. 1809. 1819.
Theodorich 1311.
Theodosian 385.
Theon 400.
Theophilus 900.
Thevard 1688.
Thevenon 1865.
Thevenot 1658. 1661.
Thield 1780.
Thilorier 1834.
Thimonier 1829.
Thölden 1603.
Thomas 1821.
Thomas 1835. 1879.
Thomas 1875.
Thomé 1856.
Thomson 1847.
Thonet 1834.
Thurneiser zum Thurn 1575.
Thurn & Taxis, F. v. 1516. 1522.
Thurn & Taxis, L. v. 1543.
Thurn & Taxis, R. 1460.

Tihavsky 1802.
Tihay 1857.
Timäos 247 v. Chr.
Timochares 300 v. Chr.
Timonus 1713.
Tinctorius 1483.
Tiro 63.
Tissandier 1883.
Toepler 1865.
Tompson 1695.
Tontin 1632.
Toricelli 1643. 1648.
Tonresse 1818.
Tourta 1795.
Tralles 1811.
Trefz 1869.
Trevithick 1802. 1804. 1810.
Triboaillet 1828.
Triger 1839. 1841. 1845.
Tripler 1901.
Troost 1865.
Troostwijck, v. 1789.
Tsai Lün 152.
Tschirnhausen 1682.
Tsu tschong 460.
Turgot 1776.

Ubaldi 1568.
Uhlhorn 1817. 1847.
Ulloa 1748.
Unger 1745.
Ungerer 1869.
Unverdorben 1826.
Urban VIII. 1386.
Uttmann 1561.

Vail 1847.
Valentinus 1520.
Valturius 1472.
de Valeyer 1653.
Varley 1798.
Vasselo 1894.
Vasson 1306. 1694.
Vaucanson 1745. 1748. 1753.
Vanquelin 1796. 1797.
Vaulx 1900.
Venturi 1797.
Veranzio 1617.
Vernier 1631.
Vesalius 1543.
Vetters 1746.
Vevers 1769.
Victorin 465.
Vidi 1844.
Vieta 1591.
de Vigenère 1608.
Vilarius 1693.
Vincent de Bauvais 1250. 1494.

Vinci 1500. 1514. 1797.
Virag 1900.
Virdung 1511.
Vispucci 1507.
Vitalinus 514.
Vitalinus 650.
Vitruv 430. 250. 30 v. Chr.
Viviani 1640. 1643. 1661.
Völter 1852.
Vohl 1848.
Volker 1502.
Volland 1779.
Volta 1775. 1783. 1790. 1792. 1796.
    1800. 1801. 1865. 1881.
Vonet 1620.
Vorselmann de Her 1839.
Voß 1880.

Wagner 1482.
Wagner 1838. 1839. 1841.
Wahrendorff 1840.
Walcker 1842.
Waldseemüller 1507.
Waldvogel 1446.
Walker 1848.
Wall 1708.
Wallis 1668.
Walsh 1772.
Walter 1472. 1484.
Walton 1869.
Watson 1747.
Watt 1760. 1763. 1764. 1765. 1768.
    1769. 1774. 1780. 1782. 1784. 1794.
    1802. 1803. 1893.
Weber 1532.
Weber 1722.
Weber 1825. 1833. 1835. 1881.
Weddel 1822.
Wedgewood 1770. 1782. 1802.
Wehnelt 1899.
Weiller 1882.
Weinholdt 1870.
Weisenthal 1755.
Weiß 1540.
Welter 1819.
Wertheim 1852.
Weston 1861.
Weygand 1725.
Wheatstone 1834. 1837. 1838. 1840.
    1845. 1866.
Whewell 1836.
White 1811.
Whitehead 1860.
Whitney 1793.
Wilberforce 1788.
Wilhelm d. Weise 1607.
Wilke 1762. 1768. 1772.
Wilkes 1839.

Wilkinson 1779. 1794.
Willenberg 1717.
Willer 1554.
Williams 1683.
Willis 1602.
Wilson 1746. 1749. 1764. 1851.
Winkler 1744. 1746. 1753.
Winsor 1808.
Winterschmidt 1747.
Wise 1803.
Withering 1783.
Wöhler 1822. 1827. 1828. 1836. 1856. 1862.
Wollaston 1802. 1803. 1809. 1810.
Woltermann 1790.
Wood 1751.
Wood 1812.
Woolf 1804.
Woolwich 1841.

Worcester 1663.
Worrig 1853.
Wright 1833.
Wyatt 1738.
Wyck 1364.
Yonglo 1403.
Young 1792. 1800.

Zamboni 1812.
Zehender 1896.
Zeisig 1602.
Zeiß 1899.
Zeppelin 1900.
Zimmermann 1777.
Zimmermann 1854.
Zipernowsky 1885.
Zoller 1480.
Zosimos 425.
Zuchi 1616.

Sachregister.

Das Sachregister weist nicht nur das Stichwort, sondern auch Verwandtes nach; auch muß beachtet werden, daß im gleichen Jahre mehrere Daten zu dem Stichwort enthalten sein können.

ABC Buch 1525.
Abbringen von Schiffen 1896. 1898.
Abdampfen 1812.
Aberration des Lichtes 1725.
Ablegemaschine 1890.
Abplattung der Erde 1671.
Absorption der Kohle 1777.
Absorption der Gase 1778. 1857.
Absorption des Lichtes 1813. 1860.
Abstimmungstelegraph 1849.
Abtritte 1750. 1775.
Acetylen 1862.
Achromatische Linsen 1729. 1757.
Achsendrehung der Erde 400 v. Chr.; 1679. 1802. 1851; siehe: Erde, Weltsystem.
Ackerbau 1804. 1840; siehe: Landwirtschaft und die einzelnen Maschinen.
Acta Eruditorum 1682.
Actinium 1899.
Aderlassen 1500 v. Chr.

Adiophon 1819.
Aeolipile 230 v. Chr.
Aeolsharfe 1660.
Ara 5734 bis 3102. 2697. 777. 753. 660. 590. 588. 582. 543. 312. 247. 113. 30 v. Chr.; 284. 350. 394. 465. 525. 622. 681. 1792. 1806; siehe: Kalender.
Aether 1888. 1896.
Aetherdampfmaschine 1846.
Aethylen 1795.
Ätzen 1512. 1670. 1725. 1824.
Afrika 610. 1484. 1486.
Akademien 387. 280. 244. 160. v. Chr.; Amerika 1728. 1744. 1769. 1780; Deutschland: Berlin 1700. 1711. 1744; Erfurt 1754; Göttingen 1742; Halle s. Wien; Leipzig 1768. 1846; München 1759. 1851. — England 1662. 1666. 1668. 1818; Frankreich 1635. 1637. 1666. 1793. 1795. 1806. 1811. 1814. 1816; Italien 1474.

1560. 1603. 1657. 1712. 1757; Österreich-Ungarn: Budapest 1825; Prag 1769; Wien 1625. 1670. 1677. 1687. 1742. 1746. 1846; Rußland 1725.
Akkumulatoren, elektr. 1839. 1854. 1860. 1881. 1891. 1895.
Akkumulatoren, hydraul. 1843.
Aktie 1760.
Akustik = Schall.
Alaun 1192. 1600.
Aldenyd 1835.
Aliquodtöne 1843.
Alizarin 1826. 1868.
Alkoholometer 1811.
Almagest 150.
Aluminium 1810. 1824. 1827. 1853. 1854. 1885. 1886.
Amalgam, elektr. 1788.
Amalgamieren der Zinke 1830.
Amalgamierverfahren 1557.
Ameisensäure 1822.
Amerika 986. 1000. 1492. 1497. 1507. 1510.
Ammonium-Amalgam 1808.
Ampère 1881.
Amylacetatlampe 1883.
Anästhesierende Mittel 1846; s. Aether, Chloroform.
Analysis 400 v. Chr.; 250.
Anemochord 1790.
Anemoskop 1836. 1841.
Aneroidbarometer 1745. 1844. 1845. 1850.
Anilin 1826. 1833. 1841. 1868: blau 1861; gelb 1863; grün 1863; purpur 1856; rot 1858; schwarz 1859; violett 1856.
Anker 800 v. Chr.
Ankerketten 1811.
Ankeruhr 1680. 1715.
Ansichtskarte 1881.
Anthracen 1831. 1868.
Antimon 760. 1846.
Antimonsäure 1812.
Antiphlogistisches System 1789.
Antiseptische Wundbehandlung 1866.
Aplanatische Linsen 1796.
Apotheken 1404; s. Pharmac.
Araber 622. 642. 710. 733. 755. 760. 764. 807. 810. 827. 833. 850. 875. 900. 950. 972. 995. 996. 1000. 1050. 1080. 1121. 1202. 1252. 1300. 1311. 1331. 1342. 1350. 1422.
Arak 851.
Aräometer (400 v. Chr.); 400. 525. 1596. 1603. 1675. 1787. 1788; s. Alkohol.

Argandlampe 1783.
Argentan 1776. 1823.
Argon 1894.
Armbrust 1139. 1627.
Arsen 760. 1694.
Artenbildung 1859.
Artesische Brunnen 1129.
Asbest 1720.
Aster 1728.
Astrolabium 150 v. Chr.
Astronomie 9. 764. 800. 1080. 1252. 1799; s. Astrol-, Eklipt-, Erd-, Fernrohr, Jahr, Kalend-, Komet-, Mond, Nebel-, Parallaxe, Planet-, Präceß-, Sonne, Stern-, Tierkreis, Welt-, Zeit.
Atmosph. Eisenbahn 1838.
Aufzug 1881.
Augenmagnet 10 v. Chr.; 380. 1462. 1630. 1877.
Augenspiegel 1851.
Ausstellung 1569. 1756. 1763. 1791. 1798. 1835. 1881; s. Welt-.
Automaten 400. 230 v. Chr.; 807. 1753.
Automobil 1663. 1700. 1769. 1771. 1790. 1807. 1824. 1825. 1827. 1828. 1831. 1835. 1836. 1837. 1838. 1840. 1841. 1854. 1859. 1865. 1873. 1878. 1881. 1886. 1901; siehe Dampfstraßenwagen, Kunstwagen, Segelwagen, Wagen elektr.
Autotypie 1853. 1883.
Azofarbstoffe 1860.

Bajonnet 1640.
Ballistik 1692. 1741.
Bandsäge 1854.
Bandwirker 1403. 1579.
Bank 1171.
Barium 1808.
Barometer 1643. 1648. 1675. 1705; s. Aneroid-, Wettermännchen.
Barycentrische Methode 380. 1635.
Baryterde 1774.
Baumwollepapier 648.
Baumwollesamt 1764.
Baumwollespinnerei 1730. 1738. 1764. 1770. 1774. 1793. 1795.
Bauwerke: s. Brücken, Dome, Kanäle, Türme, Tunnels, Obeliske.
Becquerelstrahlen 1896.
Beharrungsgesetz 350 v. Chr.; 1500.
Beleuchtung: s. Bogenlicht, Gas, Glühlicht, Kerzen, Leuchtgas, Kalk-, Magnesium, Petroleum, Straßen-, Spiritus.
Benzoesäure 1608.
Benzol 1825. 1847.

Bergakademie 1770. 1870.
Bergbohrmaschine 1713.
Bergkrystall 1600.
Bergrecht 1250.
Bergwerk, s. a. Alaun, Hängezeug, Salz 3000. 2000 v. Chr.; 1000. 1122. 1150. 1171. 1199. 1719. 1750. 1814.
Berlinerblau 1704.
Bernstein 585 v. Chr.; 315. 1600; s. Elektrizität.
Beryllerde 1797.
Beryllium 1827.
Beton 1877.
Beugung der Lichtstrahlen 1650. 1835.
Beugung der Wärmestrahlen 1848.
Bentelwerk 1502.
Bibliothek 642. 1659. 1852.
Biene 1625. 1675.
Bier 2000 v. Chr.; 1200. 1260. 1400. 1499. 1526.
Bierwage 1788.
Bitilare Aufhängung 1832.
Bilderdruck 1418. 1423.
Bilderpostkarte 1870.
Binocle 1618.
Binominalkoëffizient 1550.
Blasebalg 1550. 1724.
Blauholz 1570.
Blausäure 1782.
Blech, s. a. Verzinnen 1728. 1800. 1846. 1892.
Blei 350. 760.
Bleichen 1444. 1785. 1798. 1800.
Bleiröhren 1820.
Bleistifte 1665. 1795. 1816.
Blindenschrift 1714. 1830.
Blitz, s. a. Fulguriten 1673. 1708. 1717. 1746. 1752. 1786.
Blitzableiter 1300. 180 v. Chr.; 1747. 1750. 1752. 1753. 1754. 1762. 1769. 1784. 1820.
Blitzbilder 1786.
Blutkörperchen 1693.
Blutkreislauf 1619.
Blutlaugensalz 1752. 1822.
Blutleere 1873.
Blutüberführung 1667.
Bobbinetmaschine 1809.
Bogenlampe, s. a. Dauer-, Scheinwerfer 1848. 1876. 1879. 1880.
Bogenlicht, s. a. Lichtbogen 1802. 1842. 1844. 1849. 1852. 1853. 1877. 1879. 1882.
Bogenschützen 1627; s. a. Armbrust.
Bohrmaschine 1713. 1720. 1903.
Boot, elektr. 1838. 1886; s. a. Unterwasser-.

Bor 1808. 1856.
Borax 1702. 1818.
Borsäure 1702. 1777. 1818. 1854; s. a. Lagune.
Bortenstuhl 1403.
Bramahschloß 1784.
Brandraketen 1427.
Branlyrohr 1890.
Branntwein, s. a. Destillation, Korn-; 1300. 1333. 1483.
Brasilholz 1494.
Bratspieß 1570.
Braunstein 1774.
Brechung der Lichtstrahlen 1637. 1669.
Brechung der Wärmestrahlen 1801. 1835.
Brechungsexponent s. Licht-.
Brechweinstein 1631.
Bremse 1851. 1871.
Brennerei 1300.
Brennglas 500. 400 v. Chr.; 100. 1694; s. a. Linsen.
Brennlinien 1682.
Brennspiegel 270 v. Chr.; s. Hohl-.
Briefkouverts 1845.
Briefmarke 1653. 1840.
Brieftauben 1572.
Brille 1285. 1299. 1300. 1320.
Broihan 1526.
Brom 1826.
Brucin 1819.
Brücken 1740. 1773. 1779. 1794. 1803. 1823. 1845. 1864. 1882. 1889. 1897. 1899. 1900; s. a. Drahtseil-, Ketten-, Rohr-.
Brückenwage 1823.
Brunnen 1129.
Buchdruck 1423. 1436. 1446. 1475. 1476. 1500. 1516; s. a. Ableg-, Bilder-, Druckorte, Druckwerke, Farbwalze, Holzplatten-, Lettern, Lithographie-, Noten-, Papyro-, Setzmaschine, Stereotypie.
Buchdruckpresse 1441. 1800. 1817.
Buchdruckschnellpresse 1790. 1810. 1814. 1846.
Buchführung 1494. 1531. 1543.
Buchstabenrechnung 350 v. Chr.
Buchstabenschrift 1700 v. Chr.
Bücherprivileg 1494. 1506. 1507. 1510.
Bühnenbeleuchtung 1882.
Buntdruck 1823.
Bussole 1070. 1075. 1108. 1190. 1266. 1300. 1498. 1541; s. a. Deklination, Inklination, Magnet.

Cadmium 1818.
Caesium 1860.

Calcium 1808. 1902.
Calciumcarbid 1836.
Calorimeter 1780. 1870.
Calorische Dampfmaschine, s. Luftexpansion-.
Camellie 1739.
Camera lucida 1809.
Camera obscura 1500. 1558.
Campecheholz 1570.
Capillarität 1500. 1640. 1799. 1831.
Carborundum 1892.
Carcellampe 1800.
Casselmann'sches Grün 1865.
Celluloid 1869.
Centimeter-Gramm-Sekunden-System 1881.
Centrifugalguß 1809.
Centrifugalkraft, s. Schwing-.
Centrifugaltrocknen 1836.
Charlière 1783.
Charniere 1840.
Chemie 50. 425. 1789; siehe die vielen Einzelnamen.
Chemische Harmonika 1776.
China und Chinesische Kultur 2952. 2822. 2697. 2634. 2205. 1200. 1150. 1100. 800. 700. 540. 400. 250. 206. 160. 121. 108 v. Chr.; 80. 152. 235. 315. 460. 550. 581. 616. 710. 810. 851. 1070. 1250. 1280. 1306. 1318. 1474. 1609. 1650. 1694. 1728. 1741.
Chinarinde 1636.
Chinin 1820.
Clichédruck 1783; s. a. Galvano-.
Chlor 1774. 1785. 1809.
Chloral 1832.
Chloraluminium 1826.
Chlorbleiche 1800.
Chlorgas 1774.
Chlorkalk 1799.
Chlorkalkbleichpulver 1798.
Chloroform 1831. 1847.
Chloroformdampfmaschine 1848.
Chlorsäure 1814.
Chlorsaures Kali 1786.
Chlorsilber 1566. 1773.
Chlorstickstoff 1811.
Chokolade 1520.
Cholerabazillus 1883.
Chrom 1797.
Chromalaun 1800.
Chromgelb 1812.
Chronologie 433 v. Chr.; 312; s. a. Ära.
Chronometer 1714. 1720. 1761. 1764. 1798; s. Orts-.
Chronoskop 1840.
Chubbschloß 1818.
Cichorie 1750.

Citronensäure 1784.
Clarinette 1696.
Clavichord 1025: s. a. Klavier.
Cochenille 1530. 1639. 1777. 1827.
Cocons 550; s. a. Seide.
Collodium 1847.
Columbiapresse 1817.
Communizierende Röhre 1585.
Compensationspendel 1721.
Comprimiertes Leuchtgas 1819.
Condensationsdampfmaschine 1765.
Condensator der Elektriz. 1746. 1783.
Congrèvedruck 1823.
Corduan, s. Saffian.
Corlißsteuerung 1849.
Coulomb 1881.
Crayonmanier 1756.
Crownglas 1330. 1757.
Cyan 1815.
Cyansäure 1822.
Cyanwasserstoffsäure 1782.
Cykloide 1615.
Cylindergebläse 1760.
Cylinderhemmung 1695.
Cylindermaschine f. Papier 1809.
Cylinderschermaschine 1815.
Cylindersengmaschine 1783.

Daguerrotypie 1838. 1839.
Dampfbad 1300 v. Chr.
Dampfelektrisiermaschine 1751. 1840.
Dampffarbendruck 1810.
Dampffeuerspritze 1832.
Dampfhammer 1784. 1838. 1842. 1861.
Dampfkessel 1707. 1803. 1818. 1826. 1828. 1835. 1838. 1902.
Dampfmaschine, ältere siehe Feuermaschine; ferner Aëlopile, Äther-, Automobil, Chloroform-, Corliß-, Diesel-, Dreifach-, Expansion-, Hochdruck, Lokomotive, Pulver-, Vierfach- 1681. 1688. 1698. 1699. 1705. 1707. 1712. 1713. 1718. 1722. 1736. 1758. 1760. 1763. 1764. 1765. 1766. 1786. 1769. 1781. 1782. 1784. 1785. 1788. 1799.
Dampfpflug 1810. 1832. 1855. 1856. 1858.
Dampframme 1838.
Dampfsägewerk 1793. 1808.
Dampfschiff, s. a. Kriegsschiffe, Ocean-, Panzer-, Reaktions-, Schiffe mechanische, Schrauben-, Schiffs- 1690. 1707. 1727. 1736. 1775. 1776. 1783. 1787. 1790. 1803. 1806. 1807.
Dampfschiffahrt 1811. 1812. 1816. 1818. 1822. 1825.
Dampfstrahlpumpe, s. Injektor.

Dampfstraßenwagen, s. a. Automobil,
Fahrmaschinen, Lokomotive 1759.
1769. 1770. 1772. 1784. 1785. 1787.
1802. 1804.
Dampfstraßenwalze 1861.
Dampftrockenmaschine 1820.
Dauerbrandbogenlampe 1894.
Dezimalrechnung 1460. 1585; s. dekadisches System.
Dezimalwage 1823.
Deklination, magn. 1070. 1269. 1492. 1493. 1498. 1536. 1541. 1549. 1550. 1622. 1634. 1660. 1682.
Deklinationskarte 1436. 1530.1641.1701.
Dekadisches System 1080.
Demarkationslinie 1493.
Destillieren 50. 400. 1150.
Dialytische Fernrohre 1832.
Diamagnetismus 1846.
Diamant 1375. 1520. 1694. 1728. 1850. 1853. 1869. 1893.
Diatonische Tonreihe 390. 600.
Dibbelrad 1830.
Dieselmotor 1896.
Didym 1842.
Differentialthermometer 1804.
Differentialrechnung 1675; s. Fluxion-.
Diffusion der Flüssigkeit 1816.
Digestor 1681.
Diorama 1822.
Diphtheritis Heilserum 1894.
Dipleidoskop 1843.
Dispersion des Lichtes 1666. 1872.
Distrikttelegraph 1872.
Dome 1248. 1276. 1890.
Doppelbrechung des Lichtes 1669.
Doppelbrechung der Wärme 1848.
Doppelkohlensaures Natron 1801.
Doppelschraubendampfer 1799. 1768. 1805.
Dosenlibelle 1777.
Drache 206 v. Chr.; 1646. 1749. 1752. 1883. 1902.
Drahtachsenlager 1897.
Drahtgeschütz 1884.
Drahtgewebe 1811.
Drahtglas 1888.
Drahtkratzen 1360.
Drahtseil 1822. 1866.
Drahtseilbahn 1861.
Drahtseilbrücken 1816. 1852. 1855. 1869. 1880.
Drahtstiftmaschine 1811.
Drahtziehen 1350.
Drainage 1825.
Draisine 1817; s. Fahrrad.
Drehbank 1797.
Drehpistole 1661. 1851.

Drehstrommotor 1888. 1891.
Drehwage 1785.
Dreifachexpansionsmaschine 1882.
Dreileitersystem 1887.
Dreschmaschine 1785. 1851.
Druckorte 1450. 1461. 1464. 1466. 1467. 1468. 1470. 1471. 1472. 1474. 1476. 1540. 1544. 1575. 1795. 1798.
Druckbank 1816.
Druckwerke 1439. 1440. 1445. 1457. 1459. 1467. 1471. 1482. 1483. 1490. 1494. 1513. 1525. 1531.
Durchlaßwehr 1898.
Dynamit 1867. 1875. 1876. 1885. 1888.
Dynamo 1866. 1867.
Dynamometer 1806. 1822.

Ebbe 1666; s. Flut.
Ebbe und Flut Maschine 1897; s. Flut-.
Edelstein 1600; s. Diamant. Smaragd, Rubin.
Egge 1839.
Egreniermaschine 1793.
Ei elektrisches 1854.
Eiffelturm 1887. 1889. 1901.
Einheitsporto 1837. 1840.
Einheitszeit 1883. 1893.
Eisbrecher 1864.
Eisen 2800. 700 v. Chr.; 400. 575. 700. 760. 1619. 1879.
Eisenbahn-Konstruktion 1791. 1853; s. Atmosph.-, Gruben-, Hoch-, Jungfrau-, Klein-, Lokomotive. Pferde-, -Schiene, Schlepp-, Schwebe-, Straßen-, Untergrund-, Zahnrad-; Verbreitung 1825. 1828. 1829. 1830. 1830. 1832. 1835. 1837. 1838. 1839. 1844. 1847. 1848. 1850. 1851. 1853. 1854. 1856. 1860. 1863. 1868. 1869. 1872. 1876. 1898. 1903.
Eisenbahnbremse 1851. 1871.
Eisenbahnbrücke 1852.
Eisenbahntelegraph 1835. 1837. 1843.
Eisenbahnwagen 1834. 1847.
Eisenschneidwerk 1618.
Eisenwalzwerk 1754; s. Blech-.
Eismaschine 1834. 1850. 1857. 1860. 1862. 1876.
Eiweißtheorie 1619.
Ekliptik 1100. 220 v. Chr.; 1000. 1280. 1437. 1750.
Elastizität, s. Stoß.
Elektrizität 1600. 1667. 1745. 1778; s. Bahn, Beleuchtung, Bernstein, Boot, Funke, Geschwindigkeit, Luftschiff, Lyncur, Telegraph, Telephon, Thermo-, Uhren, Wagen.

9*

Elektrizität atmosphärische 1752. 1777;
s. Blitz, Fulgurit, Nordlicht.
Elektrizität galvanische; s. Galvanismus.
Elektrizität statische 1729. 1733. 1744.
  1747. 1769. 1779. 1783. 1789; s.
  Dampf-, Kondens-, Verst.-Flasche.
Elektrizität medizinische 30 v. Chr.;
  1744. 1843. 1845. 1853. 1893; s.
  Lichtbad, Magnet, Röntgen.
Elektrizitätswerk 1881. 1885. 1896.
  1898.
Elektrisiermaschine 1663. 1743. 1755.
  1788; s. Influenz.
Elektrodynamik 1820.
Elektrochemie 1746. 1800.
Elektroendosmose 1809. 1810. (1816).
Elektrolyse 1789. 1800. 1902; s. Galvano-.
Elektromagnetismus 1641. 1802. 1819.
  1820.
Elektrometer 1747.
Elektromotore 1829. 1832. 1833. 1834.
  1866.
Elektrophor 1762. 1775.
Elektroskop 1600. 1754.
Elemente, chemische 460 v. Chr.
Elemente, galvanische 1802. 1836. 1839.
  1841. 1842. 1856. 1868.
Emaille 1410. 1632.
Emaillegeschirr 1815.
Emanationstheorie 1666.
Encyklopädie 1483. 1630. 1751.
Entdeckungsreisen, s. Afrika, Amerika,
  Asien, Australien, Erdreisen, Grönland, Island, Nordpol, Südpol 700.
  330 v. Chr.
Entfärben durch Kohle 1785. 1798.
Entwicklungstheorie 460 v. Chr.
Erbinerde 1843.
Erde 540; s. Achsendrehung, Land-,
  Nutation, Abplattung.
Erdbohrer 1835.
Erddichtigkeit 1772. 1797. 1841.
Erdglobus 1492.
Erdleitung 1803. 1838.
Erdmagnetismus 1544. 1546. 1590. 1600.
  1798. 1832; s. Bussole.
Erdmessung 350. 228 v. Chr.; 827.
  853. 1494. 1550. 1615. 1635. 1669.
  1670. 1735. 1750. 1764. 1791. 1792.
  1861. 1867. 1886.
Erdreisen 1519. 1520. 1522.
Erhaltung der Kraft 1668. 1686. 1842.
Eßgabel 1070. 1379. 1608.
Essig 1823.
Essigäther 1759.
Essigsäure 1814.

Ethylen 1898.
Endiometer 1774.
Expansionsdampfmaschine 1781. 1804
Expansivkraft 1802.
Exportmusterlager 1882.
Extraktionspresse 1806.

Fadenaufhängung 1075. 1600.
Fadenkreuz 1667. 1755.
Fadenmikrometer 1666.
Fadentelephon 1667. 1870.
Fagott 1539.
Fahrrad 1779. 1791. 1817. 1820. 1821.
  1845. 1853. 1855. 1862. 1864. 1865.
  1867. 1868. 1869. 1870. 1876. 1883.
  1885. 1895; s. Luftreifen, Kugellager, Kunstfahr-.
Fall 1250. 1590. 1602. 1679. 1802.
Fallmaschine 1781.
Fallschirm 1514. 1616. 1783. 1784.
  1797.
Falzmaschine 1850.
Färben 2400 v. Chr.; 925. 1300.
Farad 1881.
Farbenlehre 1672. 1810.
Farbenringe 1826.
Farbendruck 1480. 1491. 1826.
Farbwalze 1819.
Faß 1591. 1664. 1751.
Fayence 1400.
Feilenhauen 1419.
Fenster 220. 450. 674. 1180; s. Glasmalen.
Fernbildtelegraph 1847. 1881.
Fernrohr 1590. 1608. 1609. 1610. 1611.
  1618. 1645. 1667. 1684. 1700. 1796;
  s. Achrom.-, Aplanat.-, Dialyt.
Fernsprecher s. Sprachrohr, Telegr.
  akkust., Telephon.
Fesselballon 1869.
Fette, tierische 1823.
Fettgas 1786.
Feuerlöscher 1846.
Feuermaschine 250. 125 v. Chr.; 540.
  1562. 1570. 1615. 1629. 1641. 1657.
  1663; s. Dampfmaschine.
Feuermelder 1870.
Feuerspritze 250 v. Chr.; 1518. 1602.
  1655. 1672. 1880.
Feuerwehr 1748. 1846. 1847.
Feuerwehrtelegraph 1851.
Feuerzeug 1744. 1770; s. Streichhölzer
Fiber 1649.
Fidel 850. 1280; s. Geige.
Fingerhut 1684. 1696.
Fische elektr. s. Zitterfische.
Fischguano 1858.
Fischzucht 1773.

Fischtorpedo 1860.
Flachsspinnmaschine 1810. 1818. 1825.
Flachseil 1796.
Flackmaschine 1795.
Flammofen 1612.
Flaschenzug 250 v. Chr.; 1861.
Fleischextrakt 1865.
Flieder 1566. 1640.
Flinte 1650.
Flintglas 1700. 1757.
Flöte 1580.
Flüssigkeitdruck 1585.
Flugmaschine 1680. 1898; s. Luftschiff.
Fluor 1771. 1886.
Fluorescenz 1675. 1705. 1845. 1852.
Flut 1666.
Flutmaschine 1637; s. Ebbe.
Fluxionsrechnung 1666.
Folter 1740.
Formalin 1899.
Formschneider 1084 v. Chr.
Fourniere 1806. 1808.
Fräsmaschine 1830.
Frittröhre 1890. 1895.
Fulguriten 1805.
Funke, elektr. 460. 1671. 1707. 1708. 1744. 1820.
Funkentelegraphie 1745. 1890. 1897. 1899. 1899. 1900. 1902. 1903.
Futterschneidmaschine 1794.

Gabel 1070. 1379. 1608.
Galmei 1533.
Galvanismus 1751. 1756. 1778. 1790. 1792. 1796. 1800. 1801. 1827. 1833; s. Elektriz.-, Elemente, Indukt.-, Säule, Spannungsreihe.
Galvanographie 1842.
Galvanokaustik 1843. 1845. 1853.
Galvanolyse 1800.
Galvanometer 1800. 1872; s. Multipl.-.
Galvanoplastik 1836. 1837. 1841.
Galvanostegie 1841. 1842. 1854.
Garancin 1828.
Gallisieren 1828. 1851.
Gase 1640. 1662. 1663. 1668. 1679. 1703. 1802. 1813; s. Beleuchtung, Leuchtgas.
Gasautomaten 1888.
Gasglühlicht 1885.
Gashammer 1885.
Gasheizung 1839.
Gaskocher 1739. 1824.
Gasmesser 1815. 1888.
Gasmotor 1678. 1680. 1791. 1794. 1801. 1823. 1833. 1838. 1857. 1860. 1862. 1867. 1878; s. Pulver-.
Gasstraßenbahn 1892.

Gebäudetransport 1898.
Gebläse 1640. 1729. 1760.
Gefühl, elektr. 1705.
Geige 1511. 1620; s. Fidel, Violine.
Geigenklavier 1757.
Gefrierverfahren 1883.
Geißlersche Röhre 1854.
Geld 800. 206 v. Chr.; s. Münzen, Papier-.
Geldschrank 1834. 1840. 1852.
Gelehrte Gesellschaften, s. Akademie.
Geologie 1756. 1858.
Geometrie 270. 240 v. Chr.
Georgine 1789. 1812.
Gerberei 2000 v. Chr.; 1775.
Gerbstoff 1793.
Germanisches Museum 1852.
Geschmack, elektr. 1751.
Geschwindigkeit des Lichtes 1849.
Geschwindigkeit des Schalles 1624. 1687. 1787. 1827.
Geschwindigkeit der Elektrizität 1834.
Gesellschaft für Erdkunde 1828.
Gesellschaft der Naturforsch. 1822. 1889.
Gesteinbohrmaschine 1713.
Gewehr 1320. 1330. 1381. 1480. 1499. 1517. 1521. 1639; s. Flinte. Hinterlad., Lunte, Muskette, Patrone, Radschloß, Wind-, Zündnadel-.
Gewerbeschule 1614. 1817.
Gewerbemuseum 1838. 1850. 1880.
Gewerbeverein 1754.
Gips 1750.
Glas 1800. 1643 v. Chr.; 900. 1600; s. Fenster-, Hart-, Walzen-.
Glasätzen 1670.
Glasdruck 1844.
Glasharmonika 1765. 1786. 1790.
Glashütte 1556. 1640. 1750.
Glasmalerei 999. 1000.
Glaspalast 1851.
Glasperlen 1482. 1656.
Glasschleifen 1150.
Glasspiegel 100. 350.
Glastränen 1625.
Glasversilbern 1856.
Glaubersalz 1650.
Gleichungen 250. 1540. 1545.
Globus 350 v. Chr.; 1492.
Glocken 400. 554. 575. 600. 1159. 1249. 1403. 1477. 1737.
Glückwunschtelegramm 1794.
Glühlicht, elektr. 1750. 1838. 1841. 1845. 1879. 1880. 1882. 1897. 1898; s. Beleuchtung.
Glycerin 1779.
Glyphographie 1840.

Gnomon 1100. 550 v. Chr.; s. Sonnenuhr.
Gobelin 1642.
Göpel 263 v. Chr.
Gold 206 v. Chr.; 760. 1763. 1844. 1847.
Goldene Zahl 433 v. Chr.
Goldfirniß 1680.
Goldschlagen 1150.
Gotthardbahn 1880. 1882.
Gradierhaus 1579.
Gradmessung, s. Erd-.
Granaten 1250. 1495. 1521. 1523. 1681. 1684. 1824.
Graupenmühle 1650.
Gravitation 1682. 1687.
Great Eastern 1852. 1857. 1858. 1865.
Gregorianischer Kalender 1280. 1557. 1577. 1582. 1700. 1752. 1753.
Griechisches Feuer 675.
Griffel 630.
Grönland 982. 1000.
Grubenbahn elektr. 1882.
Grubenkompaß 1556 (nicht 1530). 1673.
Guano 1802. 1858.
Guillotine 1268. 1789. 1792.
Guitarre 1788.
Gummischuhe 1830. 1860.
Gußstahl 1740. 1811. 1819.
Guttapercha 1842. 1846. 1848.

Haarhygrometer 1783.
Haarlemer Meer 1648. 1740. 1824. 1848. 1852.
Hackebrett 1536. 1610.
Häckselmaschine 1756. 1794.
Haken- und Ösenmaschine 1827.
Hängebahn 1883; s. Drahtseil-, Schwebe-.
Hängebrücke, s. Drahtseil-.
Hängekompaß 1556 (nicht 1530). 1673.
Hammerunterbrecher 1839.
Handelsgericht 1549. 1623.
Handelshochschule 1831.
Handelsjahrmärkte, s. Messen.
Handelsschule 1768.
Handlunte 1330.
Hansa 1627.
Harnstoff 1828.
Hartglas 1874.
Hartgummi 1852; s. Kautschuk.
Harmonika 1776; s. Zieh-.
Harmonium 1810.
Harz 1600.
Hebel 350. 250 v. Chr.; 1500.
Hebelade 1634. 1651.
Heber 230 v. Chr.; 1601. 1684.
Hedschra 622.

Heilserum 1890.
Heißluftmaschine = Luftexpansions-.
Heizung, s. Luft-, Kamin, Warmwasser-.
Heliograph 1821.
Helioskop 1630.
Heliotrop 1821.
Helium 1894.
Henry 1893.
Heringe 1128. 1386.
Heronsball 230 v. Chr.; 1557. 1567. 1655. 1753.
Heronsbrunnen 250 v. Chr.
Heuwender 1816.
Hexenprozesse 1749. 1757. 1785. 1793. 1873.
Hieroglyphen 1799.
Himmelsfarbe 1810.
Hinrichten 1746. 1792. 1889; s. Guillotine.
Hinterlader 1751. 1833. 1840. 1846. 1856.
Hobelmaschine 1776. 1791. 1802. 1804. 1814. 1830.
Hochätzen 1824.
Hochspannung 1886. 1892.
Hochdruckdampfmaschine 1795. 1802.
Hochofen 1547. 1709. 1740. 1760. 1796. 1830. 1835.
Hochschule, 755. 807. 972. 1150. 1536. 1537. 1548; s. a. Universitäten.
Hochschule technische: Aachen 1865. 1870; Berlin 1799. 1821. 1827. 1866. 1871. 1879: Braunschweig 1745. 1835. 1862; Brünn 1850; Darmstadt 1826. 1836. 1868. 1877; Dresden 1828. 1851; Graz 1814. 1874; Hannover 1831. 1847. 1879; Karlsruhe 1825; Mailand 1862; München 1823. 1827. 1833. 1868; Paris 1794; Porto 1877; Prag 1707. 1806; Stuttgart 1829. 1840. 1862; Wien 1770. 1815; Zürich 1855.
Hochbahn 1880. 1896.
Höllenmaschine 1585. 1693. 1800. 1835. 1875.
Hörrohr 1648; s. Sprach-, Telegr. akust.
Hohlspiegel 514. 1450. 1646. 1663; s. Brenn-.
Holländer 1670. 1718.
Holzbiegen 1834.
Holzimprägnieren 1739. 1832. 1841. 1873. 1899.
Holzcellulose 1869.
Holzgas 1786. 1849; s. Leuchtgas.
Holzplattendruck 1000 v. Chr.; 581. 1400.
Holzschleifen 1852. 1895.

Holzschnitt 1000 v. Chr.; 1418. 1423. 1467. 1490.
Holzschrauben 1806. 1845.
Hopfengärten 768.
Hufeisen 850.
Hydraulischer Krahn 1846.
Hydraulisches Prägwerk 1797.
Hydraulische Presse 1795. 1806.
Hydraulischer Widder 1796.
Hydraulisches Prinzip 250 v. Chr.
Hydroelektrisiermaschine 1751. 1840.
Hydrometrischer Flügel 1790.
Hydrostatische Wage 400. 1596.
Hygrometer 1679. 1775. 1786; s. Haar-, Psychro-.

Jahr, s. Kalender, Monat, Schalt-,Sonne-.
Jacquardmaschine 1805.
Jahresversammlung der Naturforscher 1822.
Jahrmärkte, s. Messen.
Jakobsstab 1342.
Jesuiten 1534.
Impfen 1713. 1782. 1796.
Imprägnieren 1873; s. Holz-.
Indigo 2400.
Index 1559. 1562. 1564.
Induktion 350 v. Chr.
Induktionselektrizität 1831. 1838. 1848. 1850. 1853. 1865; s. Unterbrecher.
Influenzmaschine 1865. 1880.
Infusorienwelt 1685 (nicht 1635). 1830.
Injektor 1818. 1858.
Inklination 1544. 1576. 1768.
Innung, s. Zunft.
Interferenz des Lichtes 1650. 1800.
Interferenz der Wärme 1847.
Inventionshorn 1754.
Jod 1811.
Jodwasserstoffsäure 1814.
Joule 1893.
Iridium 1803.
Island 861. 874. 982. 1108.
Isogonen 1641.
Isolatoren 1852.
Isolierschemel 1732.
Isomorphismus 1819.
Jungfraubahn 1889. 1896. 1898. 1899. 1903.
Jupiter 1610. 1612. 1675.

Kabel 1774. 1808. 1812. 1828. 1840. 1843. 1845. 1846. 1847. 1848. 1849. 1850. 1851. 1857. 1858. 1865. 1866. 1867. 1899. 1900. 1902. 1903.
Kabeldampfer 1899. 1902.
Kälte 1607. 1759. 1883.

Kaffeehäuser 1570. 1671. 1672. 1712. 1721.
Kaffee(pflanze) 1580. 1582. 1592. 1624. 1652. 1658. 1670. 1683. 1710. 1714. 1718. 1719. 1720. 1761.
Kaffeetrinken 875. 1511. 1530. 1554.
Kaiser Wilhelm-Brücke 1897.
Kaiser Wilhelm-Kanal 1887. 1894. 1895.
Kakao 1520.
Kaleidoskop 1646. 1797. 1813.
Kalender 539. 46 v. Chr.; 460. 465. 525. 995. 1280. 1439. 1499. 1513. 1691; s. Gregorian.
Kali 1807.
Kalium 1807.
Kaliumeisencyanyd 1822.
Kaliumeisencyanyr 1752.
Kalklicht 1825.
Kalkspat 1669.
Kalorische Maschine, s. Luftexpans.-.
Kalorimeter 1780. 1870.
Kameel 1658.
Kamin 1347. 1890.
Kammwollspinnmaschine 1793.
Kanäle 1681; s. Kaiser-, Panama-, Suez-.
Kanonen 250 v. Chr.; 1247. 1324. 1327. 1346. 1350. 1365. 1372. 1377. 1382. 1414. 1422. 1751. 1809. 1815. 1840. 1845. 1847. 1854. 1856. 1858. 1866. 1868. 1892; s. Draht-, Mörser-, Schnell-.
Karbolsäure 1834.
Kartenbrief 1882. 1897.
Kartoffel 1553. 1565. 1584. 1630. 1648.
Kartoffelgrabmaschine 1855.
Kattun 1000. 1742.
Kautschuk 1758. 1770. 1791. 1820. 1839; s. Hartgummi.
Kehlkopfspiegel 1840. 1858.
Kerzen 300. 875. 1268. 1316. 1630. 1760; s. Beleucht., Stearin-.
Kettenbrüche 1658.
Kettenbrücke 1616. 1741. 1809.
Kettenflaschenzug 1861.
Kettenschiffahrt 1732. 1818. 1853. 1866.
Kinetoskop 1894.
Kirchentöne 390.
Klangfiguren 1787.
Klapphorn 1760.
Klarinette 1696.
Klaviatur 1312.
Klavier 1711. 1717. 1728. 1731. 1750. 1853. 1854. 1875; s. Clavichord, Hackebrett.
Kleider 274.
Kleinbahn 1832.
Knallgas 1775.

Knallgasgebläse 1816.
Knallgold 1413.
Knallpulver 1666.
Knallsäure 1823.
Knallsilber 1802.
Knallquecksilber 1800.
Knöpfe 1683.
Kobalt 760.
Kobaltmetall 760. 1733.
Kohle, s. Absorpts., Braun-, Entfärb., Holz-, Koks, Stein-.
Kohlensäure 1640. 1834.
Kohlens. Baryt 1783.
Koaks 1620. 1709.
Kombinationstöne 1700.
Kometen 1797.
Kompaß, s. Bussole, Hänge-.
Kompensationspendel 1721.
Konserven 1804.
Kopiermaschine 1780.
Kornbranntwein 1545; s. Branntwein.
Kraftübertragung 1862. 1866. 1873. 1882. 1886. 1889. 1896. 1898; s. Aufzug. Straßenb.
Krahn, hydraul. 1846.
Krapp 1550.
Kratzen 1360.
Krebsbacillus 1901.
Kreissäge 1780. 1808.
Kreisteilmaschine 1674.
Kreiszahl 250 v. Chr.
Krematorium 1876. 1878.
Krempelmaschine 1738. 1760. 1762.
Kreosot 1833.
Kriegsdampfschiff 1814. 1815. 1828. 1833. 1852; s. Panzer, Dynamit-.
Kriegstelegraphie 1861; s. a. Optische Telegr.
Kristall 1784.
Künstliche Glieder 1816.
Kugellager 1847. 1857. 1868; s. Rollen.
Kuhpockenimpfung 1796.
Kunstbutter 1869.
Kunstfahrwagen 190. 1447. 1479. 1504. 1599. 1650. 1649. 1693. 1748. 1750. 1769. 1813.
Kunstuhren 807. 1352. 1474. 1510. 1561. 1574. 1789. 1838. 1842.
Kupfer 2000 v. Chr.; 760. 1533.
Kupferplattmühle 1590.
Kupferstich 1430. 1756. 1841.
Kupolofen 1794.
Kutschen 1457. 1564; s. Omnibus.

Längenmessung, geogr., s. Orts-.
Längenteilmaschine 1768.

Lagune 1818. 1854.
Lakmuspapier 1800.
Lampe 1765. 1780. 1783. 1790. 1800; s. Beleuchtung.
Landkarte 550 v. Chr.; 135. 1467. 1569; s. See-.
Landwirtschaft 60.
Landwirtschaftliche Schulen 1806.
Lanthan 1839.
Laterna magica 1671.
Latzenzugmaschine 1799.
Laute 1523.
Lederpresse 1560.
Lebensversicherung 1706.
Leibeigenschaft 1702. 1789. 1809.
Leichenhalle 1792; s. Sarg.
Leihhaus 1463.
Leinenpapier 152. 1120. 1243. 1272. 1318. 1340.
Letterunguß 1438.
Leuchten, elektr., s. Fluoreszenz.
Leuchtgas 1786. 1816; s. Acetylen, Komprim.-, Fett-, Holz-, Steinkohlen-.
Leuchtturm 283 v. Chr.; 1286. 1316. 1560. 1818. 1818. 1822.
Licht 1566. 1620. 1637. 1644. 1650. 1665. 1672. 1675. 1690. 1725. 1746. 1813. 1888; s. Beleuchtung, Beugung, Brechung, Geschwindigkeit, Photo-, Wellen-.
Lichtabsorptionsvermögen 1813.
Lichtbäder 1899.
Lichtbogen 1821; s. Bogenlicht.
Lichtdruck 1869.
Lichte, s. Kerzen.
Lichtemissionsvermögen 1860.
Lichtheilmethode 1895.
Lichtmagnet 1602.
Limonade 1630.
Linoleum 1860.
Linsen 1729; s. Optik.
Lira 850.
Lithium 1817.
Lithographie 1796. 1826.
Lithophanie 1827.
Löffel 1710.
Lötrohr 1660.
Logarithmen 1607. 1614.
Lokomotive 1804. 1812. 1813. 1814. 1828. 1829. 1831. 1838. 1841.
Lokomotive, elektische 1891.
Lotterie 1521. 1549. 1569.
Loxodrome 1546.
Luft 350 v. Chr.
Luftballon 1306. 1660. 1694. 1709. 1755. 1781. 1782. 1783. 1785. 1869; s. Luftreise, Luftschiff, Fallschirm.

Luftexpansionsmaschine 1816. 1827.
 1833. 1848. 1851. 1853.
Luftdruck 1643. 1648. 1654.
Luftheizung 1821.
Luftpumpe 1650. 1654 1657. 1674; s.
 Quecksilber.
Luftreifen 1847. 1865. 1888.
Luftreise 1785. 1804. 1897. 1898.
Luftflugapparat (400 v. Chr.)
Luftschiff, lenkbares 1852. 1883. 1884
 1900. 1901.
Luftschiffertruppen 1794. 1886.
Luftverflüssigung 1877. 1901.
Luftzünder 1710.
Lunte 1320. 1330. 1517.
Luppenquetschmaschine 1805.

Mähmaschine 1799. 1811.
Mäßigkeitsvereine 1803.
Magdeburger Halbkugeln 1654. 1657.
Magnesium 1808. 1829.
Magnet 585. 400. 121 v. Chr.; 400; s.
 Deklin., Elektro-, Erd-, Inklin.-,
 Kompaß, Rotation-, Wagen.
Magnet in der Medizin 10 v. Chr.;
 380. 1462. 1630. 1775. 1877.
Magnetelektr. Maschine 1841. 1854.
Magnetometer 1832.
Mais 1493.
Malerei 100. v. Chr.; 1402. 1620.
Manchestersammet 1764.
Mangan 760.
Manometer 1661. 1849.
Margarine 1869.
Margarinsäure 1823.
Markscheiden 1574.
Maschinenfabriken 1774. 1804. 1811.
 1819. 1837. 1854.
Mathematik, s. Analyt.-, Geometrie,
 Stereometrie, Trigonometrie und die
 einzelnen Rechnungsarten 400. 350.
 220 v. Chr.; 250. 380. 733. 800.
 1445. 1482. 1494. 1550. 1525. 1591.
 1620.
Mauer, chines. 400 v. Chr.
Mechanik 1121.
Mehrfachthelegraphie 1853. 1863. 1874.
 1877.
Melkmaschine 1862.
Melograph 1745.
Merinoschafe 1600.
Messe 960.
Messer 1538.
Messing 1533. 1718.
Meßbrücke 1845.
Meßkatalog 1554.
Meßtisch 1576.
Meßkette 1635. 1764.

Metallbarometer s. Aneroid.
Metalldrückerei 1816.
Metallmoiré 1814.
Metallthermometer 1817.
Metallurgie 15. 760. 1122. 1540.
Meter 1670. 1789. 1791. 1793. 1799.
 1806. 1816. 1864. 1872. 1875.
Mikrometer 1640; s. Faden-.
Mikrophotographie 1855. 1858. 1870.
Mikroskop 1590. 1612. 1614. 1625. 1635.
 1738. 1858.
Milchzentrifuge 1851.
Milchsäure 1780.
Milchstraße 1610.
Million 1494.
Mineralogie 1556 (nicht 1530).
Mineralwasser 1817.
Mitrailleuse 1866.
Mörser 1331.
Molybdän 1782.
Molybdänsäure 1778.
Monat 539. 433 v. Chr.; s. Schalt-.
Mond 1610. 1637. 1647.
Mont Cenis 1693. 1857. 1870.
Morphium 1817.
Morsetelegraph 1832. 1836. 1837. 1843.
 1844. 1848.
Motore, s. Dampf-, Diesel-, Elektro-,
 Gas-, Luftexpansion-.
Motorschlitten 1901.
Motorwagen, s. Automobil.
Münzen 800. 269. 206 v. Chr.; 1674.
 1828.
Münzpresse 1674. 1817. 1847.
Mühle 1502. 1618; s. Dampf-, Graupen-,
 Pulver-, Säge-, Schiff-, Wasser-,
 Wind-, Zucker-.
Münzrändelwerk 1685.
Mulemaschine 1775. 1825.
Multiple Proportionen 1804.
Multiplikator 1820; s. Galvanometer.
Mundharmonika 1650.
Museum 1753. 1759. 1863.
Musikübertragung 1882.
Muskete 1570.
Musterschutz 1737. 1787; s. Patent.
Musterwebstuhl 1745.1799; s.Jacquard-.

Nadeln 1365. 1370. 1560. 1680. 1853.
Nadeltelegraph 1832. 1837.
Nägelmaschine 1790.
Nähmaschine 1755. 1790. 1804. 1814.
 1829. 1834. 1839. 1845. 1851. 1854.
Narkotin 1817.
Natrium 1807.
Natron 1758. 1807.
Naturaliensammlung 1584.
Naturselbstdruck 1853.

Navigation 1438.
Nebelflecke 1612.
Neptun 1846.
Nernstlampe 1898.
Nesseltuch 1723.
Netze 1802.
Neufundland 986.
Neujahr 525.
Neujahrswunsch 1455.
Nickel 1751.
Niagarawerke 1896.
Niello 1200. 1452.
Nielstauwerke 1897. 1902.
Nietmaschine 1838.
Niobsäure 1844.
Nitroglyzerin 1847.
Nonius 1542. 1631.
Nordlicht 585. 616. 1621. 1741. 1777. 1883.
Nordpol 1831.
Nordpolreisen 1556. 1596. 1854. 1897. 1903.
Noten 1025. 1481. 1483. 1490. 1498. 1525. 1528. 1532. 1558; s. a. Melograph.
Nutation der Erde 1748.

Obelisk 1586. 1831.
Observatorien, erdmagn. 1832.
Observatorien, meteorol. 1893.
Öfen 1325. 1490.
Ölbildende Gase = Äthylen.
Öldruck 1822.
Olgas 1815.
Öllampe 1800. 1854.
Ölmalerei 1000. 1402.
Ohm 1881 legales, 1893 internat.
Ohm'sches Gesetz 1827.
Oleïnsäure 1823.
Olympiaden 247 v. Chr.: 394.
Opium 1817.
Optik 1704.
Organische Entwicklungtheorie 460 v. Chr.
Organische Verbindung 1784.
Orgel 650. 822. 1312. 1842. 1890; s. Wasser-.
Ortsbestimmung zur See 1547. 1641. 1675. 1714.
Orseille 1300.
Osmium 1803.
Osmiumlampe 1898.
Ostindische Gesellschaft 1600.
Oxalsäure 1776.
Ozeandampfer 1819. 1833. 1838. 1839. 1840. 1845. 1847. 1857. 1858. 1899. 1901. 1902.
Ozon 1840.
Ozonisieren 1898.

Paketbeförderung pneum., 1863.
Palladium 1803.
Panama 1551. 1561. 1881. 1889.
Panorama 1763. 1793. 1800.
Pantograph 1603.
Panzerschiff 1189. 1824. 1855. 1859. 1861. 1862. 1867; s. Abbringen, Kriegs-, Eiserne.
Papier 160 v. Chr.; 152. 648. 710. 1120. 1318. 1720. 1780. 1783. 1800; s. Baumwolle-, Holzstoff-, Leinen-, Pergament-, Tapeten-.
Papiergeld 810. 1218.
Papiermaché 1740.
Papiermaschine 1670. 1718. 1799. 1805. 1809. 1811. 1819. 1895.
Papiermühle 1190. 1340. 1390. 1470. 1477. 1496.
Papyrographie 1817.
Paraffin 1830. 1849.
Parallaxe 270 v. Chr.
Parallelogramm der Kräfte 1585.
Passatwinde 1735.
Pastellmalerei 1620.
Patentgesetz 1623. 1790. 1791. 1810. 1815. 1828. 1883. 1870.
Patronen 1597.
Pattisonieren 1833.
Pedal an Orgeln 1470.
Pedalharfe 1720. 1746. 1821.
Pendel 1583.
Pendeluhren 996. 1639. 1640. 1657. 1721. 1725. 1768.
Pergament 1400. 300 v. Chr.; 1280. 1337.
Perkussionsmaschine 1677.
Perkussionsschloß 1807.
Perlen 1482.
Perpetuo mobile 1715. 1775.
Perrotine 1834.
Perspektive 430 v. Chr.
Petroleum 1855. 1859.
Pfandhaus 1463.
Pferd 1800 v. Chr.
Pferdebahn 1825. 1828. 1832. 1851. 1854. 1860. 1865. 1871. 1872. 1873.
Pflaster, s. Straßen-.
Pflug 1804.
Pharmakopoe 900.
Phlogistisches System 1720.
Phonautograph 1840.
Phonograph 1653. 1682. 1877. 1878.
Phosphor 1669; s. Zündhölzchen.
Phosphor, amorph 1848.
Phosphoroxyd 1832.
Phosphorsäure 1769.
Phosphorwasserstoff 1783.
Photochemie 1801.

Photogen 1848.
Photographie 90. 1566. 1727. 1760. 1780. 1802. 1840. 1844. 1851. 1855. 1858; s. Daguerre-, Mikro-.
Photometer 1750. 1760. 1794. 1825. 1851.
Photophon 1880.
Physik 60. 1163. 1209. 1558.
Physikal. Techn. Reichsanstalt 1887.
Physharmonika 1818.
Pianoforte 1711; s. Klavier.
Piëzometer 1822.
Pikrinsäure 1788.
Piramyden 2800 v. Chr.
Pistole 1544; s. Revolver.
Planeten 1460. 1609. 1618; s. Erde, Jupiter, Neptun, Saturn, Uranus, Venus.
Planetoiden 1801. 1802. 1804. 1807.
Planimeter 1825.
Platin 1748. 1751. 1828.
Platinfeuerzeug 1823.
Plattieren 1742.
Plombine 1805.
Pneumatische Entwässerung 1839. 1841. 1845.
Pneumatische Paketbeförderung 1863.
Pneumatische Telegrammbeförderung 1853. 1866. 1875. 1876.
Pneumatische Uhren 1877.
Pneumatische Wanne 1777.
Pochwerk 1519.
Polarisation des Lichtes 1810.
Polarisation der Wärme 1835.
Polreagenz 1800.
Polarkreis 1773.
Polarmeer 1854. 1882.
Polonium 1898.
Polytechnikum, s. Techn. Hochschulen.
Ponceletrad 1826.
Portefeuillefabrikation 1776.
Portland Cement 1824.
Porzellan 108 v. Chr.; 1474. 1650. 1695. 1709. 1710. 1718. 1751. 1755. 1763. 1770. 1827. 1852.
Post 1170. 1380. 1486. 1516. 1522. 1543. 1608. 1611; s. Einheits-, Schnell-, Welt-.
Postkarte 1865. 1869. 1870.
Potential 1828. 1839.
Prägewerk 1797.
Präzession 150 v. Chr.
Presse, hydraulische 1795.
Preßspahn 1760.
Primzahlen 220 v. Chr.
Proportionen, chemische 1824.
Proportionszirkel 1568. 1607.
Puddeln 1766. 1783. 1836.

Pulver 80; s. Schieß-, Sprengen, Zünden.
Pulvermühle 1344. 1360.
Pulvermotor 1678. 1680.
Pumpe 350 v. Chr.; 1681. 1698. 1711. 1721.
Pumprad 1868.
Purpur 2000 v. Chr.
Pyrometer 1731. 1782.
Pyrophor 1710.
Pythagoräischer Lehrsatz 540 v. Chr.

Quecksilber 760. 1759. 1774. 1775; s. Amalgam-.
Quecksilberluftpumpe 1722. 1857.
Quecksilberoxyd 1774.

Rad an der Welle 1500.
Radiometer 1873.
Radium 1898.
Radiergummi 1770.
Radschloß 1570.
Räderuhren, s. Uhren.
Rändelwerk 1443. 1665. 1685.
Raketen 1427. 1804.
Ramme 1532. 1838.
Rapunzel 1614.
Rasiermesser 1638.
Rauchloses Pulver 1880.
Reaktion 50.
Reaktionsdampfer 1729. 1787.
Realschule 1747.
Rechenmaschine 1642. 1821.
Rechenstab 1624.
Reduktionszirkel 1620.
Regenbogen 350 v. Chr.; 1311. 1575. 1644.
Regeneratorfeuerung 1857.
Regenschirm 1200 v. Chr.; 1640. 1670. 1781.
Reibungselektrizität, s. Elektriz. stat.
Reinzuchthefe 1883.
Reis 2822 v. Chr.; 1522.
Reitsattel 385.
Reliefmaserung 1898.
Repetieruhr 1676.
Resonator 1859.
Resonanzboden 1899.
Revolver 1661. 1851.
Rhinoplastik 1442.
Rhodium 1803.
Ringofen 1857.
Röhrenbrücke 1848.
Röhren, kommunizierende 1585.
Rohrpost 1853. 1863. 1866. 1875. 1876.
Römerzinszahl 312.
Röntgenstrahlen 1895.
Rolle 400 v. Chr.
Rollbahn 1886.

Rollenlager 1861; Kugel-.
Rotationsapparat 1844. 1845.
Rotationsmagnetismus 1824.
Rotierendes elektr. Feld 1888.
Rouleandruck 1783.
Rubin 1836.
Rübenschneidmaschine 1834.
Rübenzucker 1746. 1780. 1801. 1802. 1836.
Ruthenium 1845.

Sächsischblau 1710.
Säemaschine 1663. 1784.
Säge, s. Band-, Dampf-, Kreis-.
Sägemühle 330. 1322. 1596.
Säule, voltaische 1800. 1801.
Säule, trockene 1812.
Saffian 950. 1749.
Safranin 1868.
Saigerhütten 1350.
Saiten 1759.
Salizilsäure 1874.
Salmiak 80 v. Chr.
Salpetersäure 760.
Salz 833. 1579. 1600. 1603. 1793. 1839.
Salzsäure 1774. 1809.
Sammt 1764.
Sarg 1605.
Sattel 385.
Saturn 1612. 1660.
Sauerstoff 1774. 1778. 1783. 1794. 1805. 1814. 1836. 1853.
Saxophon 1840.
Schach 500. 969.
Schall 350 v. Chr.; 1624. 1669. 1738. 1759. 1771; s. Geschwindigkeit, Hörrohr, Klang-, Sprach-, Telephon, Telegraph. elekt.
Schaltmonat 594 v. Chr.
Scharlach 1639.
Schermaschine 1758.
Scheidewasser 800.
Scheinwerfer 1849. 1855. 1869. 1887.
Schiene 1541. 1630. 1738. 1767. 1770. 1776. 1791. 1806. 1828.
Schießbaumwolle 1846.
Schießpulver 80. 1320. 1450. 1678. 1680. 1880.
Schiffsbewegung, mechanische 263 v. Chr.; 1438. 1472. 1543. 1618. 1787. 1825.
Schiffe, eiserne 1180. 1720. 1787. 1810. 1818. 1822. 1838. 1861.
Schiffahrt, s. Anker, Boot, Bussole, Dampf-, Entdeckungs-, Great Eastern, Ketten-, Kriegs-, Ozean-, Panzer-, Ruder-, Segel-.
Schiffhebewerk 1638.

Schiffmühle 536.
Schiffschraube 1731. 1752. 1768. 1785. 1799. 1823. 1825. 1829. 1832; s. Schrauben-.
Schlachthof 977. 1276.
Schlafwagen 1873.
Schlagmaschine 1795.
Schlaguhren 807. 996. 1288. 1300.
Schläuche 1672. 1720. 1889.
Schleppbahn 1846.
Schlender 1572.
Schloß 1540. 1732. 1778; s. Brahma-, Buchstab., Chubb.
Schmalte 1550.
Schmelzen. el. 1849. 1880.
Schnellbahn 1901.
Schnellfeuergeschütz 1861. 1883.
Schnellladekanonen 1877.
Schnellpost 481 v. Chr.; 1817. 1821.
Schnellseher 1899.
Schnelltelegraph 1900.
Schollenbrecher 1841.
Schraube 400. 250 v. Chr.
Schraubendampfer 1805. 1835. 1837. 1839. 1843. 1845; s. Schiffschraube.
Schreibfeder 630. 1544. 1579; s. Stahl-.
Schreibmaschine 1714. 1764. 1814. 1855. 1867. 1873.
Schrift 1700 v. Chr.; s. Hierogl.
Schrittzähler 1765.
Schrot 1760.
Schwebebahn 1895. 1903.
Schwefel 1600.
Schwefeläther 1540. 1846.
Schwefeleisen 1772.
Schwefelsäure 760. 1670. 1750. 1755. 1772. 1774. 1777.
Schweflige Säure 1775
Schwefelkohlenstoff 1796.
Schwefelwasserstoff 1772.
Schwefelsaures Natron 1650.
Schwerkraft s. Gravit.
Schwerpunkt 250 v. Chr.
Schwingungspunkt 1659.
Schwungbewegung 1658.
Schwungrad 1736. 1758.
Seeieren 1300. 1315. 1543.
Seekarten 1497. 1569.
Seeminen 1620. 1848. 1859; s. Torpedo.
Segel 1779. 1894.
Segelwagen 1470. 1599. 1608.
Sehen 1604. 1792.
Sehnen 900.
Seide 2000 v. Chr.; 274. 550. 1130. 1272. 1520. 1559. 1709. 1737; s. Spinnenseide.
Seife 80 v. Chr.
Seile, s. Draht-, Flach-.

Sekundenuhr 1484.
Selen 1817. 1852. 1873.
Selfaktor 1825.
Sengmaschine 1783.
Senkblei 500 v. Chr.; 1772.
Senkwage s. Aräometer.
Setzmaschine 1822. 1855. 1875. 1887. 1890.
Shrapnel 1784.
Sicherheitslampe 1815.
Sicherheitsventil 1705.
Siegellack 1550. 1690. 1554.
Silber 800. 269 v. Chr.; 760. 1171. 1471. 1557.
Silhouetten 1758. 1780.
Silicium 1823.
Siliciumcarbid 1891.
Siliciumkupfer 1882.
Sinus 900.
Sklavenbefreiung 1724. 1788. 1863.
Smaragd 1555.
Soda 1787. 1793.
Sonne 2697. 585. 350. 270. 150 v. Chr.; 1762; s. Ekliptik, Jahr.
Sonnenflecke 1610. 1611.
Sonnenmikroskop 1738.
Sonnenschirm 1200 v. Chr.; 1605.
Sonnenuhr 1100. 550. 263. 250 v. Chr.
Sonntagsschule 1782.
Spannung, elektr. 1820.
Spannungsreihe 1801.
Spektralanalogie 1802. 1815. 1860.
Spezifische Wärme 1772.
Spiegel 100. 350. 1279. 1308. 1646. 1688. 1697.
Spiegelsextant 1731.
Spiegelteleskop 1616. 1639. 1663. 1671. 1788.
Spielkarten 1321.
Spielwaren 1270. 1870.
Spinnmaschine 1738. 1756. 1767. 1793.
Spinnrad 1500. 1524. 1530.
Spinnenseide 1709.
Spitzenklöppeln 1455. 1561.
Sprachrohr 1516. 1669. 1670; s. Hörrohr, Telegr. akust.
Sprengen 1200. 1585. 1831 (nicht 1881); s. Höllen-, Pulver, Seeminen, Zünden.
Sprechmaschine 1778. 1829. 1835; s. Phonogr.
Stahl 121 v. Chr.; 1190. 1740. 1811. 1840. 1847. 1855. 1867. 1882.
Stahlschreibfedern 1803.
Stanhope Presse 1800.
Statik 250 v. Chr.; 1585.
Statistik 1853.
Staubfiguren 1777.
Stapellauf 1857. 1858. 1902.

Stauwerke, s. Niel.
Stearinkerze 1818. 1832.
Stearinsäure 1823.
Städtebeleuchtung mit Gas 1814. 1815. 1817. 1825. 1826. 1828. 1833.
Steinbohren 1150.
Steindruck, s. Lithographie.
Steingut 1770.
Steigbügel 550.
Steinkohle 1245. 1560. 1619. 1664. 1719. 1740. 1756.
Steinkohlengas 1664. 1686. 1740. 1786. 1792. 1799. 1802. 1803. 1808. 1809. 1810. 1811. 1814. 1817. 1818. 1819. 1825. 1826. 1828. 1833.
Steinlagerung 1720.
Stenographie 63. 1588. 1602. 1678. 1786. 1819. 1841.
Stereometrie 350 v. Chr.
Stereoskop 1838. 1848.
Stereosk. Distanzmesser 1899.
Stereotypie 1709. 1829.
Sternglobus 350 v. Chr.
Sternkatalog 300 v. Chr.; 900. 1729. 1749. 1890.
Sternschnuppen 1798.
Sternwarte 1472. 1561. 1576. 1665. 1667. 1858.
Stickstoff 1772.
Stickstoffoxydulgas 1776.
Storchschnabel 1603.
Stoß 1668. 1677.
Strahlenbrechung 270. 10 v. Chr.; 1637. 1669.
Strahlentelegraphie, s. Funken.
Straßen 850; s. Trottoir.
Straßenbahn, elektr. 1878. 1879. 1880. 1884. 1887. 1890. 1891. 1892. 1895. 1896. 1901; s. Wagen, Schwebe-.
Straßenbeleuchtung 378. 1414. 1524. 1558. 1662. 1667. 1668. 1672. 1675. 1679. 1687. 1702. 1705. 1711. 1721. 1808. 1814. 1815. 1825. 1853.
Straßenpflaster 1184.
Straßenkehrmaschine 1827.
Straßenwalze 1787. 1861.
Streichwollspinnerei 1803.
Streichzündhölzchen 1799. 1832. 1833. 1848.
Stricken 1527.
Strickmaschine 1829. 1867; s. Strumpf-.
Stroboskopische Scheibe 1832.
Stroboskopische Trommel 1866.
Strom, elektr. 1820.
Stromgeschwindigkeitsmesser 1790.
Stromunterbrecher 1839. 1855. 1856. 1899; s. Hammer-.
Strontianerde 1793.

Strontium 1808.
Strumpfwirker 1559. 1589. 1709. 1730.
Stufenbahn 1888. 1889. 1893. 1900.
Strychnin 1818.
Stuhl 1834. 1868.
Stuckarbeit 1280.
Südseeexpeditionen 1772. 1775. 1819. 1822. 1830. 1834. 1838. 1839. 1840. 1845. 1874.
Supportdrehbank 1797.
Suezkanal 1671. 1798. 1859. 1869. 1887.

Tabak 1560. 1693. 1723.
Tabakpfeife 1693. 1723.
Taktmesser 1730.
Tanin 1793.
Tantalsäure 1802.
Tapeten 800. 1750.
Taschenuhr 1325. 1500. 1658. 1679. 1875.
Taucheranzug 1438. 1616.
Taucherglocke 1538. 1588. 1665. 1716. 1778.
Taucherschiff 1859.
Techn. Hochschulen, s. Hochschule.
Technische Schulen 1630. 1745.
Telegraph, akustischer 1579. 1782.
Telegraph, drahtloser 1845. 1882. 1887. 1892. 1895. 1897. 1899. 1900. 1902.
Telegraph, elektrischer 1753. 1774. 1787. 1795. 1796. 1798. 1902.
Telegraph, elektrochemischer 1809. 1810. 1812.
Telegraph, elektromagnetischer 1820. 1829. 1833. 1835. 1836. 1837. 1844. 1848; s. Abstimmungs-, Distrikts-, Eisenbahn-, Fernbild-, Feuer-, Kriegs-Mehrfach-, Morse-, Nadel-, Schnell-, Typen-, Zeiger-.
Telegraphie, elektrom.; Verbreitung 1845. 1846. 1847. 1849. 1850. 1852. 1854.
Telegraphie, hydraulische 340 v. Chr.; 1796.
Telegraphie, magnetische 1535. 1636. 1773. 1788.
Telegraphie, optische 1184. 481. 450. 400 v. Chr.; 1616. 1704. 1765. 1782. 1785. 1791. 1792. 1793. 1794. 1795. 1796. 1798. 1832. 1835. 1839. 1853.
Telegraphie, physiologische 1839.
Telegraphie, pneumatische 1838.
Telegramm 1852. 1903.
Telegraphon 1900.
Telephon (1669.) 1837. 1844. 1852. 1854. 1861. 1864. 1876. 1877. 1878. 1880. 1881. 1882; s. Distrikts-, Faden-.
Telephon, drahtloses 1882.

Tellur 1782. 1798.
Thaumotrop 1827.
Theodolit 1786.
Thermoelektrizität 1667. 1745. 1821. 1822. 1827.
Thermometer 1595. 1604. 1624. 1632. 1643. 1714. 1724. 1736. 1739. 1742. 1743. 1749.
Thermometrograph 1794.
Thermosäule 1887.
Thorium 1828.
Tierkreis 2445 v. Chr.
Tonerde 1815.
Tironische Noten 63.
Titan 1791. 1796.
Titanerde 1791.
Töpferscheibe 1200 v. Chr.
Tonreihen 390. 600.
Torpedo 1585. 1620. 1797; s. Zitter-.
Torpedoboot 1873; s. Fischtorpedo-.
Topas 1727.
Transformer 1882. 1885.
Transmissionsriemen 1808.
Traubenzucker 1811. 1890.
Triangulationsmessungen 1615.
Trigonometrie 585. 540 v. Chr.; 1622.
Trottoir 1802.
Trottoir mobile 1886; s. Stufenbahn.
Tuberkulosebacillus 1882.
Tuch 1152.
Tüll 1770. 1809.
Tulpe 1559.
Tunnel 1799. 1802. 1825. 1842. 1856. 1870. 1880. 1882. 1898.
Turbine 1590. 1618. 1737. 1765. 1826. 1827. 1840; s. Wasserrad.
Turmalin 1703. 1707. 1747. 1756.
Türme 1112.
Türöffner 230 v. Chr.
Turmuhr 1364. 1365. 1368. 1580.
Tusche 250 v. Chr.
Typendrucktelegraph 1847. 1866.

Uhren 250 v. Chr.; 850. 875. 1547. 1673. 1675. 1700. 1730. 1740. 1824. 1850; s. Glocken-, Kunst-, Pneumat.-, Pendel-, primär-, Repetier-, Schlag-, See-, Sekunden-, Sonnen-, Taschen-, Turm-, Wächter-, Wasser-, Zeiger-.
Ultramarin 200 v. Chr.; 1822. 1828.
Ultrarote Strahlen 1801.
Ultraviolette Strahlen 1801. 1802. 1852; s. Lichtteil.
Undulationstheorie, s. Licht.
Universitäten, Deutschland: Berlin 1809. 1810; Bonn 1777. 1786. 1801. 1818; Breslau 1505. 1506. 1702. 1811;

Duisburg 1655. 1802; Erfurt 1379. 1392; Erlangen 1743; Frankfurt a. O. 1506. 1811; Freiburg i. B. 1455. 1457. 1160; Gießen 1607. 1625; Göttingen 1733. 1737. 1809; Greifswald 1455; Halle 1502. 1693. 1806. 1813; Heidelberg 1386; Helmstädt 1809; Herbronn 1654. 1817; Jena 1548. 1557; Ingolstadt 1459. 1800; Kiel 1665; Köln 1388. 1777; Königsberg 1544; Landshut 1800. 1826; Leipzig 1409; Mainz 1476. 1798; Marburg 1527. 1625; München 1826; Münster 1902; Paderborn 1616; Rinteln 1809; Rostock 1419; Straßburg 1536. 1621. 1872; Trier 1454; Tübingen 1476; Wittenberg 1502. 1582; Würzburg 942. 1402; Frankreich: Aix 1409; Paris 1206; Großbritannien: Aberdeen 1494; Oxford 1249; Holland: Leiden 1575; Italien: Bologna 1100; Camerino 1727; Catania 1444; Ferrara 1391; Genua 1805; Messina 1838; Modena 1683; Neapel 1224; Padua 1221; Palermo 1779; Pavia 1361; Parma 1412; Perugia 1303; Pisa 1316.1343; Rom 1265.1303; Salerno 1150; Siena 1273; Turin 1404; Urbino 1671; Österreich: Agram 1874; Czernowitz 1875; Graz 1586; Insbruck 1672; Krakau 1343; Kuhn 1366; Lemberg 1784; Prag 1347; Wien 1365; Rußland: Dorpat 1632. 1802; Schweiz: Basel 1459. 1460; Bern 1834; Freiburg 1889; Genf 1559. 1873; Lausanne 1890; Zürich 1832; Spanien: Valencia 1502.
Untergrundbahn 1863. 1899.
Unterphosphorige Säure 1816.
Unterschwefelsäure 1819.
Unterwasserboot 1624. 1653. 1776. 1801. 1809. 1821. 1849. 1864. 1888. 1893. 1898.
Uran 1786.
Uranus 1781.

Vakuumabdampfapparat 1812.
Vanadium 1830.
Vegetarier 1811.
Ventilator 1681. 1740.
Venus 1762.
Veratrin 1819.
Vergolden 1805. 1840.
Vergrößerungsglas 60. 1050.
Vernier 1631.
Verseifung der Fette 1777.
Versicherungsgesellschaften 1458. 1523.

Verstärkungsflasche 1736. 1745. 1746. 1747. 1749. 1751.
Verzinnen 1620.
Vierfachexpansionsmaschine 1884.
Violine 1523; s. Fidel, Geige.
Violinbogen 1280. 1795.
Volt 1881.
Volumbestimmung des Dampfes 1601.

Wachsmalerei 100 v. Chr.
Wächteruhren 1808.
Wärme 1665. 1849.
Wärme, spezif. 1772. 1780.
Wärmeausdehnung 1601.
Wärmeäquivalent 1849.
Wage 1121. 1823; s. Aräometer.
Wagen elektrischer 1835. 1836. 1838. 1841. 1854.
Wagen, magnet. 2634 v. Chr.; 235. 1318. 1609.
Wagen, s. Automobil, Kunst-, Kutsche, Segel.
Wahlverwandtschaft 1718. 1775.
Waldhorn 1754.
Walfischfang 1845.
Walkmühle 1000.
Walratlichte 1742.
Walzendruckmaschine 1785.
Walzentafelglas 1832.
Walzmaschine 1515.
Walzwerk 1754. 1800. 1846. 1892.
Warmwasserheizung 1831.
Waschmaschine 1754.
Wasserglas 1825.
Wasserhebemaschine 250 v. Chr.; 1618. 1747.
Wasserleitung 1601.
Wassermotore, s. Durchlaß-, Ebbe-, Flut-, Turbine.
Wassermühle 30 v. Chr.; 3. 1765.
Wasserorgel 250 v. Chr.; 757.
Wasserrad 1747; s. Mühle, Turbine.
Wassersäulenmaschine 1731. 1747. 1817.
Wasserstoff 1766. 1781. 1783. 1805. 1808. 1877.
Wasserstoffperoxyd 1819.
Wassertrommel 1650.
Wasserwage 1661. 1777; s. Senkblei.
Wasseruhr 600. 250 v. Chr.; 807. 1660.
Wasserzersetzung 1783. 1789. 1800. 1805.
Wasserzusammendrücken 1661. 1777.
Watt 1893.
Weben 959. 960.
Webestuhl 1676. 1737. 1745. 1756. 1787. 1813. 1822; s. Jacquard-, Musterweb-.
Wechselstrom 1888. 1889.

Wadgewoodgeschirr 1770.
Wegmesser 230 v. Chr.; 190. 1550.
 1765.
Wein 276. 1333.
Weinsteinsäure 1769.
Weizen 2822 v. Chr.
Wellenberuhigung 1881.
Wellenlehre 1825. 1854.
Wellenkraftmotor 1693.
Weltausstellung 1851. 1853. 1855. 1862.
 1865. 1867. 1873. 1876. 1878. 1889.
 1893. 1900.
Weltsystem 150. 1506. 1530. 1543.
 1584. 1587. 1616. 1631. 1632. 1822.
Weltpostverein 1874.
Wettermännchen 1658.
Windbüchse 1430. 1560.
Windfang 850.
Windkessel 1655.
Windmühle 1105. 1143. 1332. 1392.
 1439. 1648. 1740. 1821.
Windwagen, s. Segel-.
Winkelmaß 1200 v. Chr.
Wismut 1530. 1846.
Wolframsäure 1781. 1783.

Yard 1101.
Ytterbium 1877.
Yttererde 1794.
Yttrium 1827.

Zahnrad 250 v. Chr.
Zahnradbahn 1811. 1812. 1862. 1871;
 s. Jungfrau-.
Zahnradschneiden 1720.
Zahnstange 250 v. Chr.
Zeigertelegraph 1816. 1836.
Zeigerwerk, elektr. 1839. 1855.
Zeitball 1875.
Zeitrechnung, s. Aëra.
Zeitregelung 1848.

Zeitungen 59 v. Chr.: 1588. 1612.
 1615. 1703. 1736. 1814. 1903.
Zeitungen, gelehrte 1665. 1670. 1739.
Zeitungsmuseum 1885.
Zement 1759. 1796. 1824; s. Beton.
Zeugdruck 1460. 1523. 1688. 1690.
 1770. 1783. 1803. 1833.
Ziegelofen 1857.
Ziegelpresse 1869.
Ziehharmonika 1829.
Ziffern 600 v. Chr.; 996. 1202. 1471.
Zink 760. 1450.
Zinkographie 1815.
Zinn 760.
Zinnober 1500. 1687.
Zinnsalz 1650.
Zirkon 1824. 1865.
Zirkonium 1789.
Zitteraal 1671. 1680. 1773.
Zitterrochen 400 v. Chr.; 1666. 1772.
Zitterwels 30 v. Chr.; 1751.
Zodikallicht 1683.
Zodiakus 2445 v. Chr.
Zoologischer Garten 1150 v. Chr.:
 1794. 1843.
Zucker 810. 1180. 1798; s. Rüben-.
Zuckerrohr 1148. 1420.
Zuckerfilter 1828.
Zuckerrohrmühle 1166.
Zuckersieden 1597.
Zünden 514.
Zünden, elektr. 1744. 1770. 1780. 1801.
 1808. 1812. 1823. 1831. 1833; s.
 Sprengen.
Zündhölzchen 1799. 1805. 1812; s.
 Streichhölzer.
Zündhütchen 1820.
Zündnadelgewehr 1828.
Zunft 925. 1776. 1791.
Zuidersee 1848.
Zweifarbendruck 1867.